自然国学

中国传统文化的瑰宝

孙关龙　宋正海◉著

深圳出版发行集团
海天出版社

图书在版编目（CIP）数据

中国传统文化的瑰宝：自然国学 / 孙关龙，宋
正海著. -- 深圳：海天出版社，2012.1
（自然国学丛书）
ISBN 978-7-5507-0320-9

Ⅰ．①中… Ⅱ．①孙… ②宋… Ⅲ．①自然科学史—
中国 Ⅳ．①N092

中国版本图书馆CIP数据核字(2011)第242761号

中国传统文化的瑰宝——自然国学
Zhongguo Chuantongwenhua De Guibao　Ziran Guoxue

出 品 人　尹昌龙
出版策划　毛世屏
丛书主编　孙关龙 宋正海 刘长林
责任编辑　秦　海
责任技编　蔡梅琴
封面设计　同舟设计/李杨

出版发行　海天出版社
地　　址　深圳市彩田南路海天综合大厦7-8层（518033）
网　　址　http://www.htph.com.cn
订购电话　0755-83460137（批发） 83460397（邮购）
设计制作　深圳市线艺形象设计有限公司　Tel：0755-83460339
印　　刷　深圳市华信图文印务有限公司
开　　本　787mm×1092mm　1/16
印　　张　16.25
字　　数　200千字
版　　次　2012年1月第1版
印　　次　2012年1月第1次
印　　数　3000册
定　　价　30.00元

总　序

　　21世纪初，国内外出现了新一轮传统文化热。广大百姓以从未有过的热情对待中国传统文化，出现了前所未有的国学热。世界各国也以从未有过的热情，学习和研究中国传统文化，联合国设立孔子奖，各国雨后春笋般地设立孔子学院或大学中文系。很显然，人们开始用新的眼光重新审视中国传统文化，认识到中国传统文化是中华民族之根，是中华民族振兴、腾飞的基础。面对近几百年以来没有过的文化热，要求加强对传统文化的研究，并从新的高度挖掘和认识中国传统文化。我们这套《自然国学丛书》就是在这样的背景下应运而生的。

　　自然国学是我们在国家社会科学基金项目"中国传统文化在当代科技前沿探索中如何发挥重要作用的理论研究"中，提出的新研究方向。在我们组织的、坚持20余年约1000次的"天地生人学术讲座"中，有大量涉及这一课题的报告和讨论。自然国学是指国学中的科学技术及其自然观、科学观、技术观，是国学的重要组成部分。长久以来由于缺乏系统研究，以致社会上不知道国学中有自然国学这一回事；不少学者甚至提出"中国古代没有科学"的论断，认为中国人自古以来缺乏创新精神。然而，事实完全不是这样的：中国古代不但有科学，而且曾经长时期地居于世界前列，至少有甲骨文记载的商周以来至17世纪上半叶的中国古代科学技术一直居于世界前列；在公元3～15世纪，中国科学技术则是独步世界，占据世界领先地位达千余年；中国古人富有创新精神，据统计，公元前6世纪至公元1500年的2000多年中，中国的技术、工艺发明成果约占全世界的54%；现存的古代科学技术知识文献数量，也超过世界任何一个国家。因此，自然国学研究应是21世纪中国传统文化一个重要的新的研究方向。它的深入研究，不仅能从新的角度、新的高度认识和弘扬中国传统文化，使中国传统文化获得新的生命力，而且能从新的角度、新的高度认识和弘扬中国传统科学技术，有助于当前的科技创新，有助于走富有中国特色的科学技术现代化之路。

本套丛书是中国第一套自然国学研究丛书。其任务是：开辟自然国学研究方向；以全新角度挖掘和弘扬中国传统文化，使中国传统文化获得新的生命力；以全新角度介绍和挖掘中国古代科学技术知识，为当代科技创新和科学技术现代化提供一系列新的思维、新的"基因"。它是"一套普及型的学术研究专著"，要求"把物化在中国传统科技中的中国传统文化挖掘出来，把散落在中国传统文化中的中国传统科技整理出来"。这套丛书的特点：一是"新"，即"观念新、角度新、内容新"，要求每本书有所创新，能成一家之言。二是学术性与普及性相结合，既强调每本书"是各位专家长期学术研究的成果"，学术上要富有个性，又强调语言上要简明、生动，使普通读者爱读。三是"科技味"与"文化味"相结合，强调"紧紧围绕中国传统科技与中国传统文化交互相融"这个纲要进行写作，要求科技器物类选题着重从中国传统文化的角度进行解读，观念理论类选题注重从中国传统科技的角度进行释解。

由于是第一套自然国学丛书，加上我们学识不够，本套丛书肯定会存在这样或那样的不足，乃至出现这样或那样的差错。我们衷心地希望能听到批评、指教之声，形成争鸣、研讨之风。

《自然国学丛书》主编

2011. 10

前　言

　　这是第一本系统阐述自然国学概论的学术著作。

　　自然国学是中华文化的瑰宝，是一个古老而新颖的研究领域。说其古老，是因为它与国学一样，古已有之，本书讲了自然国学形成于春秋战国时期。说其新颖，正如"国学"一词及其研究领域于20世纪初才正式提出一样，"自然国学"一词及其研究领域于21世纪初才正式提出。

　　因为新颖，没有任何现成资料可以借鉴，自然国学概论怎么写？全书的框架结构如何构建？便难为我们了。我们多方求教，日夜苦思。经多年酝酿、讨论，摸索出了本书现用的框架结构：自然国学的提出、自然国学的特点、自然国学的形成、自然国学的发展、自然国学的高峰、自然国学的衰微、自然国学的复兴等七个方面。

　　正因为没有现成的框框，给了我们独立发挥的机会。而且，自然国学提出的本身是创新的产物，因此自然国学概论的撰写也必须遵循"创新"这个原则。故而，在撰稿的过程中，我们尽可能地把"创新"作为一条主线贯穿于始终。例如，首次较系统地论证自然国学的提出是历史发展的必然；首次较系统地阐明自然国学七大特点：整体性、生成性、有机性、实用性、直觉性、人文性、非均衡性；首次较系统地总结自然国学数千年的历程，从孕育到形成，从发展及高峰，从衰微至复兴；首次提出中国传统学术文化的四阶段说，即巫学、子学、经学、国学阶段；首次较系统地挖掘孔子、孟子等人的自然国学材料；首次指出和阐述了"独尊儒术"对自然国学的影响；首次阐述自然国学发展的高峰持续约千年，它亦是人类古典时期科学技术发展的高峰；首次较系统地介绍晚明六大科技著作，指出它们已显示出新时代的特征，表明当时中国也已处于科学革命的前夕；首次较系统地论述近几百年中西文化碰撞中，自然国学的败衰，及至当代仅仅剩下中医学一支；首次较系统地讲述自然国学复兴的情况，等等。

我们是怀着敬畏之情撰写本书的，久久不敢动笔。动了笔之后，也多次搁笔，陷入沉思之中，又去翻阅文献，求教各方。"丑媳妇终归要见公婆的"，在海天出版社和"天地生人学术讲座"同仁的鼓舞、催促之下，前后用了三年时间终于完成此书。其中，第一章至第五章由孙关龙撰写，第六章到第七章由宋正海撰写。

鉴于这是第一本自然国学概论著作，鉴于许多问题是第一次阐述或第一次系统地叙述，故而欠缺是肯定会存在的，乃至可能出现谬误。我们衷心地希望学术界尤其是国学界的专家学者能给予批评和指教，亦衷心地希望广大国学爱好者能给予批评和指教。

目录

第一章

自然国学的提出

　　要了解自然国学，首先要弄清楚什么是国学，进而还要大致知晓中国传统学术文化的产生和演进。

　　"国学"一词在中国出现很早，最早是指周代在国都建立的国家官学。2000多年前的《礼记·学记》曰："古之教者，家有塾，党有庠，术有序，国有学。"那时它是指官办的学校，即官学，这个含义一直沿用至19世纪末，康有为在《教学通义》（1886年）一书中说："至于国学……凡民之俊秀皆教之"，"国学有二：有大学，有小学……"[①]20世纪初，中国留日人员骤增，他们把代表日本古典文献和文化的"国学"含义引进中国，以保存和研究中国的传统学术文化，反对"醉心欧化"[②]。当时影响最大的是酝酿于1902年、并于1904年在上海正式成立的"国学保存会"，黄节、刘师培、邓实等为其主要成员；1906年在日本东京成立的"国学讲习会"和"国学振起社"，由章太炎等组成[③]。100多年来，国学（指中国"国学"，下同）是指中国传统学术文化及对它进行研究的学问，似已成为共识。

第一节　中国传统学术文化的产生和演进

　　中国是世界上最早制造石器的地区之一，亦是世界上最早学会使用火的地区之一[④]；又是农业文明产生最早的地区之一，在中国湖南道县

---

① （清）康有为著．姜义华编．《康有为全集》．第1卷．第97、105页．上海：上海古籍出版社．1987~1992.

② ③ 姜义华．《近代中国"国学"的形成与演进》，载《学术月刊》第39卷（2007年）第7期．

④ 孙关龙．《中华文明史·科技史话》．第6~9页．北京：中国大百科全书出版社．2010.

玉蟾岩遗址、江西万年县仙人洞遗址和吊桶环遗址、广东英德县牛栏山遗址、浙江浦阳县上山遗址，先后出土1.2万～1万年的栽培稻遗存[①]，河北武安县磁山遗址发现距今1万年前驯化的旱作农作物黍[②]。距今6000～5000年前，中国的黄河和长江等流域与西亚的两河流域、北非的尼罗河流域、南亚的恒河和印度河流域，独立地发展成为人类的四大文明摇篮。随着城市的出现，文字雏形产生，青铜器诞生，中国进入文明时代。中国文化是世界几大原生文化之一，而且是世界上唯一连续发展至今的文化。古埃及文化在公元前6世纪被波斯帝国所灭，后又被古希腊、古罗马占领而被希腊化、罗马化，再后阿拉伯人进入而伊斯兰化，多次出现文化的中断；巴比伦文化于公元前6世纪被波斯帝国灭亡，印度哈拉巴文化（古印度上古文明的标志）于公元前18世纪因雅利安人入侵突遭衰毁；古希腊文明在公元前2世纪被古罗马文明替代，后因为日耳曼族等入侵而中断变异；中国文化从来就没有因为外族人的到来而中断或衰毁，实际情况常常是外族人的来到给中国文化带来了新的发展基因，给中国文化加入新的内容。

　　中国五六千年学术文化历史，不同的学者有不同的分法。我们翻阅了近百种分期法，列举以下几种：中国学术文化史研究的创始者梁启超一开始便清醒地认识到，学术文化史有其自身的发展规律，十分明确地提出学术文化史的分期不应与政治史划一的重要思想，并从中国学术文化日益广泛地与外域学术文化交流、融合等角度，将中国学术文化的历史划分为："上世史"，即"中国之中国"时期（自黄帝至秦统一前）；"中世史"，即"亚洲之中国"时期（自秦一统至清乾隆末年）；"近世史"，即"世界之中国"时期（自清乾隆末年至今日）的三大时期[③]。柳诒徵把中国文化史也划分为三个时期：①远古至西汉，为

① 孙关龙．《中华文明史·科技史话》．第11～12页．北京：中国大百科全书出版社．2010．
② 《黍是东亚最早被驯化的旱作农作物》．载《科学时报》2009年5月25日．
③ 梁启超著．张品兴主编．《梁启超全集·中国史叙论》第一册．第453～454页．北京：北京出版社．1999．

独立文化期；②东汉至明，印度文化传入以及融合期；③明至近代，西方文化传入及相合期①。上述分期优点突出，都引进了发展演化的观点，且都能注重文化史自身的特点。21世纪初，学人对中国文化史的分期更为综合、清晰。王新婷等把中国文化发展历程划分为三大时期：①中国文化的雏形期（先秦时期）；②中国文化的定型和强化期（秦至明）；③中国文化的转型期（清至"五四"）②。徐学初、吴炎把中国历史文化划分为五个时期：①先秦，中国历史文化的萌芽和元典创制；②秦汉，大一统背景下中国历史文化的探索与定型；③魏晋隋唐，中国历史文化在交融中蓬勃发展；④宋元，中国历史文化走向理性与成熟；⑤明至晚清，中国历史文化在西方文化冲击下艰难转型③。郭建庆亦把中国文化划分为五个时期：①中国文化萌生期（西周及以前）；②中国文化形成期（春秋战国）；③中国文化确立期（秦汉至隋）；④中国文化繁荣期（唐宋）；⑤中国文化总结和转型期（元明清）④。郑师渠、王冠英等把中国文化划分为六个时期：①先秦，中国文化的孕育、化成时期，也是中国文化的奠基期和第一个高潮期；②秦汉，中国文化的成长时期；③魏晋南北朝至隋唐五代，中国文化的第二个高峰期；④辽宋西夏金元，中国文化第三个高峰期；⑤明清，中国文化极盛而衰退的迟暮期；⑥中国文化转型和谋求复兴的时期⑤。

我们认为21世纪初学人对中国文化史的几种分期，文化发展演化的主线更为清晰，文化发展的内涵亦更为明朗。例如郭氏的五分法：西周及以前为萌生期，春秋战国为形成期，秦至隋为确立期，唐宋为繁

---

① 柳诒徵.《中国文化史》.上册.第1页.北京：中国大百科全书出版社.1988.

② 王新婷等编著.《中国传统文化概论》（第二版）.第39~64页.北京：中国林业出版社.2006.

③ 徐学初、吴炎编著.《中国历史文化要略》.第14~19页.成都：西南交通大学出版社.2006.

④ 郭建庆编著.《中国历史文化概述》.第6~12页.上海：上海交通大学出版社.2005.

⑤ 郑师渠总主编.《中国文化通史·先秦卷》.第14~24页.北京：北京师范大学出版社.2009.

荣期，元明清为总结和转型期。其演化发展的脉络十分清晰，每一个时期文化的内涵亦是十分明朗，命名多为妥帖，唯"总结和转型期"的命名欠妥，在逻辑上与萌生期、形成期、确立期、繁荣期不甚相配。我们建议改"总结和转型期"为"转型期"；把元明两代划入繁荣期，即繁荣期改为唐宋元明；转型期则改为明末至清。王氏等的三分法，雏形期（先秦时期）→定型及强化型（秦至明）→转型期（清至"五四"），中国文化的演化发展和内涵都十分清晰，然而既承认春秋战国为"中国文化的轴心时代"，而又把它归入"中国文化的雏形期"，明显不妥。徐氏、吴氏的五分法，亦有中国文化的演化发展和内涵清晰的优点，但是他们把"中国历史文化的萌芽"，与"元典创制"合为一个时期，很为不妥；而且，第一个时期（先秦）已有元典创制，第二个时期（秦汉）历史文化定型，第三个时期（魏晋隋唐）历史文化蓬勃发展，而到第四个时期（宋元）中国历史文化才"走向理性和成熟"，这在逻辑上是不通的。即说文化历史历经先秦元典创制、秦汉定型、魏晋隋唐蓬勃发展，然而这些还是不"理性"、不"成熟"的说法，是不符合逻辑的。事实上说中国的历史文化在宋元才"走向理性和成熟"，亦是完全违背中国历史文化的发展实际情况的。郑氏等的六分法，也有上述的优点，欠妥之处是：①认为第一个时期（先秦），是"孕育、化成期"，也是"奠基期和第一个高潮期"，然而无论是逻辑上还是事实上孕育、化成期是不等同于奠基期和高潮期的。②说第一个时期（先秦）是"第一个高潮期"，第三个时期（魏晋南北朝至隋唐五代）为"第二个高峰期"，第四个时期（辽宋西夏金元）为"第三个高峰期"，第五个时期（明清）为"极盛而衰"，唯独第二个时期（秦汉）为"成长时期"，没有"高"，没有"峰"，没有"盛"，给人印象秦汉文化似乎成了中国文化的低谷区。这有悖于历史的实际情况。冯天瑜等人认为，上述文化史与分期一个共有的缺陷是"拘泥于朝代"，指出文化史的进程"往往突破王朝域，有着自身的发展序列"，因此中国文化史段落的划分

"不应该，也不可能拘泥于朝代的框架之内"，它"必然要在一定程度上冲决王朝的樊篱，按文化自身演变的阶段性作出分期"①。并进而提出六分法：①前文明期，猿人到大禹传子，包括旧石器时期和新石器时期；②文明奠基及元典创制期，夏、商、周至春秋、战国，为中国文化史上的"轴心时代"，可称"元典时代"；③一统帝国文化探索、定格期，秦汉；④胡汉、中印文化融合期，魏晋南北朝至唐中叶；⑤近古文化定型期，唐中叶至明中叶；⑥东西文化交汇及现代化转型期，明末迄今②。

我们参考以上一系列分期，又参考较为通行的中国学术史七分法（先秦子学、两汉经学、魏晋玄学、隋唐佛学、宋明理学、清代朴学、近代新学），把中国五六千年学术文化史划分为四大阶段：巫学阶段、子学阶段、经学阶段、国学阶段。

一、巫学阶段

中华文化的早期。距今五六千年至公元前8世纪前期，大致为仰韶文化晚期、龙山文化早期至西周末。据中华文明探源工程第一、二阶段成果，"公元前2500年前后，以中原陶寺古城、长江下游良渚古城和长江中游石家河古城的出现为标志"，表明"这些地区在当时可能已经进入了文明社会，建立了早期国家。因此，说中华文明拥有五千年的历史是有根据的"③。在这个时期，我们的先民依靠独立发明的耕牧、制陶、纺织、建筑、车船和冶金六大技术，开创了辉煌灿烂的中华文明的最初阶段。

人们说，中国文化早熟。这是需要技术支撑的，主要的支撑技术：①耕牧技术，为人们提供食物。在公元前2500年前后，南方已成为水稻作物农业带，北方已成为干旱、半干旱作物（以黍、粟为主）农业带，

---

① 冯天瑜、杨华、任放编著．《中国文化史》．第25~31页．北京：高等教育出版社．2005.
② 冯天瑜、杨华、任放编著．《中国文化史》．第25~31页．北京：高等教育出版社．2005.
③ 王巍、赵辉．《中华文明探源工程的主要收获》．载《光明日报》．2010年2月23日.

在中原地区则以发展出包括黍、粟、水稻、大豆、小麦（由西亚传入）在内的"五谷农业"[①]。《诗经·周颂·丰年》曰："丰年多黍多稌，亦有高廪，万亿及秭。"即讲商周时丰年收获的小米（黍）、稻米（稌）装满了高大的粮仓，这样的粮仓有万个、亿个、秭个，多得数不清。②制陶技术，为人们提供烹煮、贮藏、盛放、搬运事物的器具。在商周（此处周指西周，下同），已能制出精美的白陶、晶莹薄亮的釉陶，标志中国陶器开始迈向瓷器。③纺织技术，为人们提供穿戴。其中最为突出的是我们祖先发明养蚕缫丝，这是人类对植物纤维利用的最重要的成就。商周时代纺织技术已相当发展，殷墟甲骨文中从"纟"的字有81个，从"丝"的字有16个；当时丝织品种类已有缯、帛、素、练、缟、纨、纱、绢、縠、绮、罗、锦、绉、绡等；既有生织、熟织，也有素织、色织，有平纹、斜纹、斜变纹，还有重经、重纬、提花技术、绣花技术等[②]。④建筑技术，为人们提供居处。距今7000～6000年前，浙江余姚河姆渡遗址已盛行木结构的干栏式建筑，陕西西安半坡村遗址已是村落式的组群建筑。商周是以木结构为特色的中国建筑大发展的时代，河南偃师二里头晚夏、早商宫殿遗址是一组廊庑环绕的院落式建筑，其院落式布局一直沿用下来；陕西扶风周原遗址证明在公元前11世纪时四合院布局已经形成，且在周初发明了瓦片，包括板瓦、筒瓦等。⑤车船技术，为人们提供出行工具。中国是世界上最早制造船舶的地区之一，距今8000年的浙江萧山跨湖桥遗址出土有相当成熟的独木舟。商周出现木板船，这是造船史上重大创举，标志造船技术进入一个新的阶段；已有多种样式的木船，不但有以木桨为动力的船，还出现帆船（即以风为动力），且发明了连体船等。我国的车，相传是夏代奚仲创制的，河南偃师二里头遗址

① 王巍、赵辉.《中华文明探源工程的主要收获》. 载《光明日报》. 2010年2月23日.
② 郑师渠总主编.《中国文化通史·先秦卷》. 第14~24页. 北京：北京师范大学出版社. 2009.

的夏代层面发现的双轮车轴痕迹，印证了夏代有车之说①。商末的牧野大战中，周武王率军一次战役便动用了300辆四驾战车，可见3000多年前车辆的规模和普及。

　　这个时期学术文化的一个重要特点，带有巫术和神权的色彩。中国远古宗教的特点，一是把世界分为天地人神等不同的层次；二是巫师充当沟通天地人神之间的使者。距今7000～6000年的仰韶文化出土许多巫师的图案，例如西安半坡村遗址彩陶盆内人面鱼巫师在为夭折的孩子招魂，甘肃秦安大地湾遗址地画中两位巫师为祈死者安魂，河南濮阳西水坡遗址第三组蚌塑图案显示的是乘龙驾虎的巫师。进入距今5000～4000年的良渚文化、山东龙山文化、中原龙山文化时期，巫师的地位进一步提高，垄断了沟通天地的神权。这些文化遗址中多发现有祭坛：浙江余杭反山遗址祭坛的土方，达2000立方米上下；余杭瑶山遗址的祭坛上有12座巫师墓，每一座墓中都随葬有象征其地位的大量精美玉器；良渚文化、龙山文化等遗址中出土的精美玉钺、玉琮，上面都刻有巫师骑怪兽的纹样②。这时期在古史中相当于传说时代，古籍中对这个时代的记录也充满巫师味。例如，说黄帝以雕、鹰、鸢为旗帜，率领熊、罴、豹、虎进行战斗；蚩尤有几十个兄弟，个个都是铜头铁额，且善做兵器，能呼风唤雨。

　　夏商是巫术神权极盛时期，王权都通过巫术神权得以体现。古籍记载夏的文字非常有限，但在有限的文字中充分体现了巫术神权。据古籍记录，夏征三苗，被认为是"天之瑞令"（《墨子·非攻下》）；夏启伐有扈氏，则是"行天之罚"（《山海经·大荒西经》）；帝孔甲"好方鬼神，事淫乱"（《史记·夏本纪》），等等。从甲骨文可知，商人事无巨细，大至立国迁都、方国征伐、年成丰歉，小至建房搬家、出行吉凶、

① 路甬祥主编．《走进殿堂的中国古代科技史》．下册．第324页．上海：上海交通大学出版社．2009．
② 郑师渠总主编．《中国文化通史·先秦卷》．第65～69、73～76、94～96、372、380～381、400～401页．北京：北京师范大学出版社．2009．

病老生死，都不厌其烦地占卜。因此，文化学研究家认为商代文字完全是具有巫术特色的载体。殷商青铜器纹饰以凶猛逼人的饕餮、夔龙和夔凤为主，饕餮以兽面的鼻梁为中心，眉目、耳角以左右对称的形式向正中聚拢，带有浓重的巫术气氛。当时有专为祭神、迎神、娱神的巫舞，巫医不分，医学世家都是巫师世家①。因此，我们把夏商文化定性为巫术文化或巫学文化。

夏、商既以巫术神权为特色，又都被巫术神权所误而亡国。人们从实践中，感到"惟命不于常"（天命不是固定的，《书•周书•康诰》）。周公等人从夏亡、商灭的历史教训中，尤其是从大邦殷为小邦周灭亡的现实中，体悟到民众在改朝换代的社会重组中的作用，提出了一整套敬天保民、仁政礼制、明德慎罚的制度和思想，开创礼乐文化之风，并成为以后3000年中国历代讲德政、重仁礼、叙民本之渊源。它是中国从巫术神权思想中解放出来，走向理性学术文化思想的第一步。周代是从巫学阶段向子学阶段发展的一个重要过渡时期。

此时期是以"巫术"一词命名还是用"巫学"一词命名，我们主张使用"巫学"一词命名。因为我们认为此时期的学术文化虽带有浓重的巫术色彩，但不是以往所认识的它们都是迷信，而且我们认为主流不是迷信，而是学问：巫师是中国历史上最早的知识阶层，中国历史上的第一代知识分子，他们的创造和总结成为中国文明发展的基础，理应得到尊重。以科学技术而言，无论是当时的耕牧技术、制陶技术、纺织技术、建筑技术、车船技术、青铜冶炼技术，乃至算学（此时期中国数学至少有两项具有世界意义的发明创造：创造当时世界上最先进的计数制度——十进位值制，发明当时世界上最方便的计算工具——算筹②）、天

---

① 郑师渠总主编.《中国文化通史•先秦卷》. 第65~69、73~76、94~96、372、380~381、400~401页. 北京：北京师范大学出版社. 2009.
② 路甬祥主编.《走进殿堂的中国古代科技史》. 第158~160页. 上海：上海交通大学出版社. 2009.

学（殷墟甲骨文和周代《诗经》中已有日食、月食、新星、恒星、行星的一系列记载等）、舆地学（甲骨文中已有连续十天的气候记录，《诗经》中已记载几十种天气现象、数十种地貌形态等），都取得了辉煌的成就，且都居于当时世界的前列，也都为以后的科学技术的发展奠定了良好的基础。如果继续沿用过去的"巫术"两字，人们印象中即是迷信，这与上述实际是很不相符的，也是对中国最早知识分子的不尊重，而且这个阶段是人类文明初期都必须经历的过程。因此，从学术文化上考虑，为更科学妥切，为符合当时的实际情况，为尊重中国第一代知识分子的劳动，我们提出创用"巫学"一词。

巫学阶段的代表性著作，现存的是《易经》和《山海经》（两书的内容都反映了这个阶段的实际）；代表性人物至今研究不够，尚不明朗。

二、子学阶段

为中华文明的轴心时代、原典时期、能动时期。公元前8世纪早期至前3世纪后期，为春秋战国时期。子学是指诸子之学。

公元前770年，周平王东迁洛邑（今河南洛阳），东周开始。东周的前段时期因有《春秋》一书的记载而得名"春秋"（前770～前476年），后段时期因列国争战而命名"战国"（前476～前221年，东周亡于公元前256年）。春秋战国时期是王纲解崩、诸侯雄起的时期，中国历史上大动荡、大融合、大变革、大发展的时期。这是一个铁器替代青铜器的时代，铁器的普遍使用，牛耕的出现和盛行，极大地促进了社会生产力的发展，从而导致流行了千余年的宗法制世袭社会的解体，盛行了数百年的礼乐制度的衰败。春秋初，原有140多国，至春秋末被兼并为秦、楚、吴、越、齐、鲁、晋、燕等几个强国；弑君三十六，亡国五十二，卿大夫丧身亡家者不知其数，新型的君主专制、郡县制获得发展；"学在官府"的局面被打破，私学兴盛，保存在周王室的文化资料散落民间，农业、手工业、商业、科学技术的发展，激发了思想界对各种现实的思考和探索。争霸的各国为了富国强兵纷纷进行政治、经济、文化的变革，不同的政治主张、变革方案竞相出台，私人讲学、私人著述蓬勃发展，从而形成很多流派。在春秋末期，先后出现了道家的老子、儒家的孔子。

战国时期，各国统治者为争霸和生存都希望从士人那里汲取智慧，走上强国之路，所以诸侯各国多礼贤下士。例如，齐威王创建的稷下学宫，汇集儒、墨、杨、道、法、阴阳等学派"千余人"；秦吕不韦的门客达3000人；战国四公子（赵国平原君、魏国信陵君、齐国孟尝君、楚国春申君）门下的士人各有数千人。士人即当时的知识分子阶层，为诸侯出谋划策，成为各诸侯政治上、军事上、经济上强大的谋士；各诸侯国对这些士人采取的态度是"合则留，不合则去"。优厚待遇，宽松的学术政治环境，为士人冲破旧的框框，探索新的思想、新的主张创造了良好的环境，促使不同的思想和主张及其著作如雨后春笋般地涌现。儒、道、名、墨、法、阴阳、纵横、农、杂家等诸家并存，相互交锋、辩论，形成中国历史至今空前绝后的、世界历史上少见的百家争鸣、百花齐放的局面。他们或鼓吹王道，乃至张扬霸道；或宣扬人道，主张实施仁政；或把王道与人道统一起来，主张用王道治国、以人道治人。他们既争鸣，各抒己见，又相互借鉴，注重吸取对方的一些观点和主张，充实自己的学说，最终汇成一股促成君主专制主义的大一统洪流，成为多民族统一国家形成的先导。其大致的过程是：先是成为显学的儒墨之争；稍后杨朱名家异军突起，形成儒、墨、名家三足鼎立；继而是持续百五十年的稷下之学，同时法家崛起；战国后期，儒家向法家裂变，崇礼重法，把百家争鸣推向高潮；最终是以商鞅、李斯为代表的法家把秦推上统一中国的历史舞台，由秦消灭割据的六国而成就"千古一帝"的伟业，争鸣遂告结束。

诸子之学包括儒家、道家、墨家、名家、法家、阴阳家、纵横家、兵家、农家、杂家等。在这个阶段，儒家主要代表人物有孔子、孟子、荀子等，主要著作有《论语》《孟子》《荀子》等。道家主要代表人物有老子、庄子等，主要著作有《道德经》（又称《老子》）《庄子》等。墨家主要代表人物有墨翟（即墨子）等，主要著作有《墨子》。名家主要代表人物有惠施、公孙龙等，主要著作有《公孙龙子》《惠子》（佚）。法家主要代表人物有商鞅、吴起、韩非等，主要著作有《商君书》《韩非子》等。阴阳家主要代表人物有邹衍等，主要著作有《邹子》（佚）《邹子终始》（佚）等。纵横家的主要代表人物有苏秦、张仪等，主要著作有《战国纵横家书》（帛书）等。兵家的主要代表人物有孙武、孙膑、庞涓等，主要著作为《孙子兵法》《孙膑兵法》等。农家的主要代表人物为许行等，主要著作有《神农》（佚）。杂家的主要著作有吕不韦组织门客撰写的《吕氏春秋》等。

随着秦汉中央专制帝国的建立，中国学术文化遂告别子学阶段，进入大一统的经学阶段。

三、经学阶段

秦统一中国后，学术文化的百家争鸣戛然而止。当时法家学说盛行，占了绝对统治地位，然而诸子百家依然存在。大一统的专制政治要求相应的大一统的专制文化，于是遇到其他各家的反抗，尤其是儒学的反抗，从而引发惨无人道的"焚书坑儒"事件。公元前213年，秦始皇下令焚书，以古非今者灭族；第二年，将460多名儒生、方士坑死于咸阳[1]。焚书中，损失最大的是保存于官府的史书，包括夏、商、西周三代史书和春秋战国时代除秦国以外各国的史书；除《周易》外的六艺经籍均遭焚烧（但民间尚有存留，口头亦有留存）；除法家外的诸子之书也有被焚烧的，

---

[1] 《辞海》（三卷本）．第4445~4446页．上海：上海辞书出版社．1999．

然农艺之书、医药之书、数术和方技之书不焚①。焚书坑儒严重摧残了中国的学术文化，残暴、苛政"可以行一时之计，而不可以长用也"（《史记·太公自序》），不几年秦王朝在四面楚歌中短命灭亡。

在反秦战争中建立起来的汉王朝，吸取秦灭亡教训，在其前期采取休养生息的政策。此时盛行黄老之学，诸子各学尤其是儒学有了较大发展。汉武帝即位后，政治稳定、经济繁荣的专制帝国要求统一当时的文化。董仲舒应诏三次上书，即著名的"天人三策"，被汉武帝采纳，从此以后2000年的中国学术文化一直笼罩在"独尊儒术，罢黜百家"之下。董氏以儒学为主宗，杂糅法家专制理念、阴阳五行、谶纬思想等，把先秦富有包容性的学术儒学蜕变为汉及以后崇尚专制的政治儒学，形成经学阶段，直至20世纪初。2000年中，主要经历两汉经学、魏晋玄学、隋唐佛学、宋明理学、清代实学五个发展时期。

①两汉经学时期。该时期最大特点是创立经学，且分为今文经学和古文经学两大学派。今文经学是经学中研究今文经的一个流派，今文经是指汉代学者所传述的儒家经典定本，用当时通用的文字（隶书）撰写，着重为经书作章句，从微言发大义，为政治服务。其创始人为董仲舒，代表性著作为《春秋繁露》，他"独尊儒术"、"罢黜百家"，使学术儒学变成政治儒学，成为经学，同时使今文经学成为汉代官学。古文经学是经学中研究古文经的一个流派，古文经是先秦流传下来用古文撰写、汉代学者加以训释的儒家经典，着重为经书训诂、释字、解名、注物，盛行于东汉，开创者为西汉末年的刘歆。经东汉马融、郑玄会通今古经文，遍注群经，两派取向混同，代表性著作是郑玄的《诗经注》《周易注》《论语注》。郑玄是汉代经学集大成者。

②魏晋玄学时期。魏晋学术的最大特点是以老庄学说释经，调和儒道两家思想，弥补汉儒不足。魏晋玄学是汉初黄老之学发展的产物，

---

① 钟肇鹏.《焚书考》. 载《中国历史文献研究集刊》. 第1集. 1980.

崇尚老庄之学，主张自然、无为，认为明教（伦理纲常）出于自然，提出君王"无为而治"。因以"三玄"（《老子》《庄子》《周易》）为研究对象，故名玄学，代表性人物有何晏、王弼等，著作有《道德论》《老子指略》。

③隋唐佛学时期。隋唐学术最大特点是儒、道、佛三家并行发展，这是经学空前吸收佛、道两学的时代，是中国佛学空前发达，完成佛教中国化的时代。隋代王通最先提出儒、释、道三教归一的理论，隋唐统治者多采取了三教并用的方针。佛教的宗派多形成于隋唐，如南朝菩提达摩创建、唐代慧能确立佛教禅宗，隋代智𫖮开创天台宗（又称法华宗），隋唐之间的吉藏开创三论宗（又称法性宗），唐代法藏开创华严宗（又称贤首宗），唐代道宣开创律宗（又称南山宗），唐代善导开创净土宗，唐代善元畏等三人开创密宗，唐代玄奘开创唯识宗（又称法相宗、慈恩宗）。这些流派的开创标志隋唐佛学形成，完成佛教中国化。在与佛学、道学的自由辩论中，隋唐经学也获得较大发展，并在以往注经的基础上形成义疏派，主要代表有孔颖达，代表性著作为《五经正义》。

④宋明理学时期。宋明学术最大特点是以"理"注经、论经，形成理学。理学是宋明时期以"理"为最高范畴的经学学说。理学，又称程朱理学、道学、宋学、新儒学，产生于北宋，创始人为周敦颐、邵雍、张载和程颢、程颐兄弟，盛行于南宋、元、明，朱熹为集其大成者，建立了较为完备的理学理论体系。他们认为，"理"先天地而存在，把抽象的"理"（实为封建伦理准则）提高到永恒、至高无上的地位。代表作有周敦颐的《通书》、张载的《易说》、两程的《伊川易传》、朱熹的《四书章句集注》和《周易本义》等。与朱熹同时代的另一位理学家陆九渊，在认识论上不同意朱熹"性即理"的主张，提出"心即理"的观点，其观点为明人王阳明继承发展形成"陆王心学"。但陆王心学在构建伦理学本体上与程朱理学则是从属于一个体系的。

⑤清代实学时期。明清之间涌现一批经学大师，王夫之、黄宗羲、

顾炎武等博究天人，皆主实用，开实学（又称朴学）之先。在他们影响下，清代涌现出一批崇尚考据的学术名家，史称乾嘉学派，即乾嘉实学，以东吴学派惠栋、皖南学派戴震为代表。他们精考据、通小学、辑佚书，形成中国经学发展史上又一个高峰。代表性著作有王夫之《读四书大全说》、黄宗羲《明夷待访录》、顾炎武《日知录》和《天下郡国利病书》、惠栋《周易述》、戴震《原善》和《原象》等。

1840～1842年的鸦片战争以后，外患日亟，清末康有为、梁启超为托古改制、变法维新，昌今文经学，著《新学伪经考》《孔子改制考》等；清末民初章太炎则治古文经学，著《国故论衡》《齐物论释》等，成为中国经学史上最后一位大师。

四、国学阶段。

清末民初国学的兴起不是偶然的，它是中国社会历史发展的必然。1840年鸦片战争前后，以林则徐、魏源为代表的有识之士，首先睁眼看世界，努力寻找救亡图存之路。20世纪初，一些学者目睹自己国家固有的学术文化急骤衰微，遇到中国数千年文明史上从未有过的败落，于是提倡国学。他们的初衷，鲜明地带有救亡图存之意，以及继承发展中国传统学术文化之愿。由此，中国的学术文化进入国学新时代，100多年来，国学的研究经历了从小国学或狭义国学（即一般人心目中的国学）发展为大国学或广义国学（又称全面国学）的历程。

（一）小国学阶段

聚集在"国学保存会"和"国学讲习会"的学者，不但对儒学，而且对诸子学说，包括对中国传统文学、史学、语言学、文字学乃至佛学等，都开始全面性地重新诠释、评估。近代意义上的国学研究真正诞生[①]，其

---

① 姜义华．《近代中国"国学"的形成与演进》．载《学术月刊》第39卷（2007年）第7期．

最早的代表人物是章太炎。章太炎的一个突出成就就是将国学系统化，把国学分为小学、经学、史学、诸子学和文学等，并分别著述《小学略说》《经学略说》《史学略说》《诸子略说》《文学略说》加以论说（见章太炎《国学讲演录》）。很显然，这是属于以"六艺"为核心，以"四部"为框架的传统学术分类。

把国学的传统研究转化为现代研究始自胡适。胡适在为北京大学1923年创刊的《国学季刊》所写的《发刊宣言》中，提出国学研究三个努力方向：①扩大研究范围；②应该有一个系统；③用比较研究法。他说的这个系统要包括民族史、语言文学史、经济史、政治史、国际交通史、思想学术史、宗教史、文艺史、风俗史和制度史等。很清楚，胡适抛弃了国学的传统分类方法，代之以现代学术分类，即西方的学术分类方法。在包括五四运动在内的新文化运动影响下，中国学术界涌现一批重估和重构传统学术文化的、具有创新意义乃至创新体系的国学研究新成果：马一浮的"六艺论"，熊十力的"新唯识论"，贺麟的"新心学"，冯友兰的"新理学"，钱穆的"国史学"等。如冯友兰的《新理学》《新事论》《新原人》《新世训》《新原道》《新知言》六部著作所构成的新理学体系；钱穆著《论语要略》《孟子要略》而治经，撰《先秦诸子系年》《庄子纂笺》而治诸子，写《中国近三百年学术史》《国史大纲》《中国文化史导论》而治史，形成他的国史学体系。他们两人一者以哲学见长，一者以史学名世，但是都超越狭隘的门户之见，实现了跨学科、跨文化的融会贯通的研究，从而获得新知，形成新说[②]。稍后，又出现郭沫若、杜国庠、侯外庐、范文澜等人的《十批判书》《先秦诸子思想概要》《中国古代思想学说史》《中国近世思想学说史》《中国思想通史》《中国经学史的演变》等一批有广泛影响的论著。

---

① 姜义华.《近代中国"国学"的形成与演进》. 载《学术月刊》第39卷（2007年）第7期.

1949年以后，中国大陆在全面学习苏联和将学术研究泛意识形态化的影响下，"国学"一词被摈弃整整30年，虽然在经学、史学、子学、古代文学等方面研究取得了不少成果，但整体性的国学研究停顿了30年。同时，在美国和中国的香港地区、台湾地区的钱穆、唐君毅、牟宗三、张君劢、徐复观等倡导"新儒学"，国学的研究一直没有停顿。1978年改革开放之后，"解放思想、实事求是"的方针，解放了中国的生产力，也解放了国学，解放了西学在中国的传播和发展，于20世纪90年代以来汇成一股新的国学热，以"南饶北季"为代表（即南方的饶宗颐、北方的季羡林），于21世纪初国学进入一个新的发展阶段——大国学阶段。

（二）大国学阶段

2001年我们在主持中国传统文化如何在中国科学技术现代化中发挥作用的国家社会科学基金资助项目研究中，与刘长林、袁立等学者共同提出"自然国学"一词，发表《自然国学宣言》。宣言明确指出："一提起国学，人们往往想到的是史学、文学、艺术、道德、人生哲学等人文学科的内容。其实，国学中还有另一半同样重要，同样辉煌，同属中国文化精髓的方面，就是中国的传统科技体系，包括中国科技史、中国科技哲学、中国科技思维方法等学科内容。前一半为人文国学，后一半当称自然国学。""我们的祖先，以无与伦比的智慧和艰苦卓绝的奋争，在农学、医学、天文学、历法、地学、数学、运筹学、工艺学、水力学、灾害学等领域，有着许多独特的贡献"，相信"在新的历史时期，通过吸收西方科学思想营养和现代科技成果，在充分发挥自己特长的情况下，自然国学经过创新，一定会为人类作出更大的贡献，一定会再度焕发出夺目之光"①。自然国学的提出与研究不但使国学完整化、全

---

① 刘长林、孙关龙、宋正海等．《自然国学宣言——为中华科技传统走向未来敬告世界人士书》．载《汉字文化》2001年第4期．

面化，而且为国学和传统文化开辟了一个新的增长领域。也就是说，21世纪的国学除继续进行以往的文、史、哲、经等人文社会内容外，还应进行自然、科学技术方面的研究，把小国学扩展为大国学。

2005~2011年，中国人民大学国学研究院、北京大学国学研究院、武汉大学国学研究院、清华大学国学研究院等一系列大学先后创办了国学研究机构，标志着国学成为一个独立的学科（一个综合性的、横断性大学科）。

2007年，北京大学资深教授季羡林率先提出"大国学"概念，认为国学不是"汉学"，而是中华56个民族共同创建的传统学术文化；国学不等于儒学或道家文化，而是由诸子百家组成的传统学术文化；国学对内是各民族之间交流的结果，对外则是不断吸收外来的成果，如西域学等[①]。2008年中国人民大学国学研究院首任院长、资深教授冯其庸发表《大国学即新国学》一文，指出每一个时代都有其国学，都在不断地拓展国学研究领域，国学有新拓展、新进步，就是大国学、新国学[②]。

这一切表明，21世纪初国学开始进入一个大国学的新阶段。

第二节　自然国学的提出是历史发展的必然

自然国学的提出，是百年国学发展的必然，是百年中国古代科学技术史研究发展的必然，是数千年中国传统文化发展的必然，也是世界科学技术发展的必然，更是中国科学技术现代化的需要。

---

① 张志清．《大国学与中华古籍保护》．载《光明日报》．2009年9月12日．
② 冯其庸．《大国学即新国学》．载《光明日报》2008年10月14日．

一、自然国学的提出

事起于上个世纪的80年代中后期。当时，我们两人在从事多年中国科学技术史研究工作中，萌发出了一些新的思考和想法，并开始研究中国传统科学技术与中国传统文化的关系。

首先，发现仅用当前流行的由西方传入的近现代科学技术体系和方法研究中国古代科学技术成就，会造成研究工作的许多盲点、死角，乃至曲解。用西方传入的近现代科学技术体系，即用数学、物理学、化学、天文学、地球科学、生物学、农业科学、西医、技术科学（含各个门类的技术性学科）分门别类地研究中国古代科学技术成就，是一个重要的研究途径和手段，且取得了丰硕的成果。但是，它不应该是研究中国古代科技成就的唯一途径和手段。因为中国古代科学技术有其独特的形态和系统，并与现在通行的由西方传入的近现代科学技术体系在风格上、方法上、体系上是迥然不同的。因此，仅用现行的西方的科学技术体系和方法研究中国古代科学技术成就必然会造成盲点、死角和曲解。例如，把风水术一棍子打死；对中医全盘否定；断言中国古代不存在科学分类，否认以《尔雅》为代表的本体论分类法；认为中国古代只有化生思想，没有进化思想；甚至提出中国古代没有科学技术，或说中国古代只有技术，没有科学，等等。由此，我们萌发并提出了按中国固有的传统科学技术内容、特点和体系，开展研究中国古代科学技术成就和想法，并发表《试析中国传统地理学的特点》《中国传统地理学内容研究》等论文[1][2]。如第一次系统地提出中国传统地理学具有依附经学、寓于史籍、掺有堪舆成分、持续发展、文献丰富、擅长沿革和考证、习用平面地图等特点。

其次，以往数十年中国科学技术史研究工作中各学科发展史的分

① 孙关龙.《试析中国传统地理学的特点》. 载《地域研究与开发》. 第9卷（1990）第2期.
② 孙关龙.《中国传统地理学内容研究》. 载《地域研究与开发》. 第10卷（1991）第1期.

期，大多套用社会政治史分期的做法，是不可取的。当然在研究初期有时不得不采用这种分期方法，但到20世纪80年代中后期依然这样分期，便不是与时俱进了。例如，1987年出版的《中国地理学发展史》把中国古代地理学划分为五个时期：第一个时期，为"原始社会时期地理知识的萌芽"；第二个时期，为"奴隶社会时期（夏至春秋中叶）地理知识的发展"；第三个时期，为"封建社会早期（春秋中叶至南北朝）地理学的发展"；第四个时期，为"封建社会中期（隋至元）地理学的发展"；第五个时期，为"封建社会晚期（明至鸦片战争）的地理学"[①]。这种分期方法很不科学，抹杀了各学科的个性和特色，曲解了不少成就，不利于中国科学技术史研究水平的提高和各学科史的深入研究和健康发展。正确的学科史分期，应该显示出学科的个性，即学科的特色；应该根据各个学科自身发展的历史阶段进行分期，并按照其各个阶段的特点给予命名。为此，我们撰写发表《中国传统地理学分期新探》[②]等论文。

再次，20世纪70、80年代科学已进入综合科学、交叉科学时代，从线性科学、非复杂性科学为主的时代发展到以非线性科学、复杂性科学为主的时代，由小科学发展为大科学。所以对中国古代科学技术成就的研究，再不能局限于过去和现行的按一个一个学科孤立研究的路子，应该勇于开拓综合地研究中国古代科学技术成就的方向。为此，我们联合一批志同道合的专家学者于1990年在北京创办"天地生人学术讲座"。讲座以传统文化与现代文化相结合、自然科学与社会科学相结合、基础性研究与应用性研究相结合的"三结合"为宗旨，提倡打破学科界限，开展大综合、大交叉研究。讲座开办至今已有22年，从开始每月一讲发展到后来每周一讲或两讲，截至2011年12月底

---

① 鞠继武.《中国地理学发展史》. 南京：江苏教育出版社. 1987.
② 孙关龙.《中国传统地理学分期新探》. 载《地域研究与开发》. 第11卷（1992）第1期.

21

共已举办近千讲。

1997年，我们倡议并协助中国科学院和国家科委（今国家科技部）香山科学会议组委会组织、召开第58次香山科学会议（此会议是全国性的高级专家学术研讨系列会议，每次会议代表规定不超过25人），即"中国传统文化与当代科学前沿发展"学术研讨会。会后，与会全体高级专家联名发表由宋正海起草的《中国传统文化在21世纪科技前沿探索中可以作出重大贡献》的呼吁书[1]。

1998年，在卢嘉锡、路甬祥、侯仁之、曾呈奎、陈述彭、王绶琯、贾兰坡、胡仁宇、席泽宗等院士，季羡林、张岱年、李学勤、蔡美彪、张磊、廖克等资深教授，以及许多同仁的支持下，我们提出"中国传统文化在当代科技前沿探索中如何发挥重要作用"的研究课题，并经专家评议、投票，国家社会科学基金办公室批准列为1999年国家社会科学基金资助项目。1999年年底，在浙江教育出版社支持下，我们出版基金课题的第一部学术性著作《中国传统文化与现代科学技术》[2]。该书从七个方面，既有理论又有实例地论述了中国传统文化可以在现代科学技术中发挥作用。

2001年，我们与几位同仁一起提出"自然国学"的命题，又一起发表由刘长林起草的《自然国学宣言》，在"天地生人学术讲座"中开辟"自然国学专题系列讲座"；当年，我们及同仁与中国社会科学院东方文化研究中心、中国科学院自然科学史研究所等单位，共同发起、组织首届全国"中华科学传统与21世纪"学术研讨会（北戴河会议）；当年，我们编著出版基金课题的第二部著作《图说中国古代科技成就》[3]。

2003年，我们及同仁与韩国社会学思想研究会联合组织"东方科学

[1] 宋正海、孙关龙等.《中国传统文化在21世纪科技前沿探索中可以作出重大贡献——第58次香山科学会议与会高级专家呼吁书》.载《科技智囊》.1997年第2期.
[2] 宋正海、孙关龙主编.《中国传统文化与现代科学技术》.杭州：浙江教育出版社.1999.
[3] 宋正海、孙关龙等.《图说中国古代科技成就》.杭州：浙江教育出版社.2001.

传统与21世纪"国际学术研讨会；当年，与曲阜师范大学、中国科学院自然科学史研究所等单位一起组织第二届"中华科学传统与21世纪"学术研讨会（曲阜会议）。

2005年，我们及同仁与黄山学院、中国科技大学科技文献与科技考古系、中国科学院自然科学史研究所等单位共同组织全国第三届"中华科学传统与21世纪"学术研讨会（黄山会议）；当年，还帮助组织在比利时布鲁塞尔举行的"欧盟中华文化高峰会议"。（以上会议内容均以自然国学为主）

2006年，在学苑出版社支持下，我们出版基金课题的第三部著作《自然国学——21世纪必将发扬光大的国学》[1]。

2009年，在海天出版社支持下，我们启动《自然国学丛书》的编著工作。

有人担心，说你们提出"自然国学"一词及其研究领域，会不会肢解富有整体性特色的中国传统学术文化?我们认为提出"自然国学"研究领域，不但不会肢解中国传统学术文化，相反却是捍卫和增强了中国传统学术文化及其整体性。因为，当前的中国传统学术文化（或说国学）仅有文、史、哲、经等方面的人文社会内容，缺失了自然、科学技术等方面内容，已是无需争辩的现实。这种肢裂局面早已存在，不是我们2001年提出"自然国学"后才存在的。我们提出"自然国学"，只是明白地揭示了这种现象，并力图改变这种局面，使中国传统学术文化能够完整起来，恢复其本来面貌，这样才能真正地发挥其整体性的特色，进而蓬勃地发展起来，为缔造具有中国特色的社会主义文化、实现具有中国特色的科学技术现代化贡献力量。

---

[1] 孙关龙、宋正海主编.《自然国学——21世纪必将发扬光大的国学》. 北京：学苑出版社. 2006.

二、国学百年发展的必然

上世纪初，一批忧国忧民的知识分子为保存和发扬中国学术文化，引进"国学"一词，并身体力行地开展研究，致力于发展国学。至20世纪末，近百年历史（相当于本章第一节所述的小国学时期）我们认为大致可划分为4个时段：①国学传统研究时段。自20世纪初至30年代，以在上海成立的国学保存会、在日本东京成立的国学讲习会和国学振起社为代表，著名研究家有刘师培、黄节、邓实等，其中以章太炎最为突出。②国学西学研究时段。起自1923年胡适在为北京大学同学们创刊的《国学季刊》所写的《发刊宣言》①。在宣言中胡氏抛弃传统的分类方法，以西方学术分类勾画了一个新的国学系加以研究，开创国学研究新阶段。该阶段直至1949年，其起始时间与第一个阶段略有重叠。该阶段以北京大学国学门、清华大学国学院为代表，著名研究家有清华大学四大家梁启超、王国维、陈寅恪、赵元任；北京大学胡适、熊十力、梁漱溟、冯友兰等大家。③国学缺失时段。1950～1978年近30年中国内地的国学缺失，国学被政治化，成为落后、愚昧、封建、反动的代名词。④国学复兴时段。1979年至20世纪末，1978年的思想解放运动，从思想上解放了中国，也解救了传统文化、解放了国学，从此国学开始走上复兴之路，著名研究家有季羡林、饶宗颐、张岱年、任继愈等大家。

以上近百年4个时段国学研究（以研究而言实是三个时段）有一个共同而显著的特点：即内容都局限于哲学、史学、文化、语言、经济、法律等人文社会科学。当然，应该看到此时国学的研究，在内容上相比经学时期已是大大地扩展了，从原研究范围限于经学（即儒学）扩展到了诸子之学，进而又扩大到人文社会科学。然而，无论是章太炎的传统学术的国学研究及其成果《国学讲演录》，还是胡适的西学学术的国学研究及其成果《中国哲学史》，以及王国维的一系列著述、冯友兰的

---

① 胡适. 《发刊宣言》. 载《国学季刊》1923年第1期.

"新理学"、钱穆的"国史学"、郭沫若的《十批判书》、季羡林的《季羡林全集》、饶宗颐的《饶宗颐全集》等，内容都着力于人文国学（或是人文社会国学）。早在1925年，吴宓主持清华国学研究院时在开学典礼的讲话中，已十分明确地指出在大力研究人文国学同时，要研究国学中的自然知识。他说："自然方面，如河川之变迁，动植物名实之繁殖，前人虽有记录，无不需专门之研究。"[①]然而，上述国学大家及其他国学研究者都没有理会吴氏的卓见，更没有去身体力行地从事国学自然知识方面的研究。因而，此百年的国学研究是欠全面的，是我们在第一章中说的"小国学"研究阶段；也正是百年国学多限于文史哲等方面，加上过去两千年的经学研究也是主要局限于文史哲等方面，使人们误以为国学只有文史哲等的人文内容，忘了还有自然国学的内容。

正当国人在20世纪60、70年代，将国学作为落后、愚昧、封建、反动的代名词之际，儒学盛行的日本在经济上实现了腾飞，一跃成为世界第二大经济实体；同样儒学盛行的新加坡、中国香港、中国台湾、韩国不约而同地成为亚洲四小龙，经济上飞速地崛起；美国出版的刊物评选世界十大思想家，中国孔子不但名列其中，而且位列十大思想家之首；《孙子兵法》在美国西点军校被用作教材……1978年，国人睁眼看世界、观邻国，大开眼界，吸收到大量的新鲜空气。随着20世纪80年代第一轮文化热在中华大地掀起，传统文化也随之逐步热起来；在90年代则出现了以国学热（即传统学术文化热）为主题的第二轮文化热。传统文化与经济发展、传统文化与企业管理、传统文化与企业精神、传统文化与当代军事、传统文化与当代科学技术……研究选题一个又一个，发表的论文和文章数以千计、万计。我们两人在过去研究的基础上，专门申报了国家社会科学基金资助项目"中国传统文化在当代科技前沿探索中如何发挥重要作用"的研究课题，并于1999年出版该基金课题的第一部

---

① 吴宓.《在清华国学研究院开学典礼上的讲话》. 载《清华周刊》1925年第1期.

学术性著作《中国传统文化与现代科学技术》。该书从理论与实例紧密相联的角度，多个方面地论述了中国传统文化可以在现代科学技术中发挥重要作用：古代系统思维与当代科学整体化、古代自然史料与当代自然史探索、天人合一观与当代人和自然协调发展、当代大型工程的历史论证、传统科技基因与当代科技创新、科技传统缺陷与当代科技发展等[1]。于是，与国学中人文学科内容相对的另外一半，同样重要、同样辉煌、同属中国传统文化精髓的方面——中国的传统科技及其体系即自然国学，逐步凸现在国人面前[2]。它包括中国科学史、中国技术史、中国工艺史、中国自然及其灾害记录史、中国科学技术思想史（含自然观、科学观、技术观等）、中国科学技术方法论、中国科学文化史、中国科学社会史、中国科学哲学等。也就是说，随着国学的复兴，研究的深入和发展，必然扩展到其自然及其科学技术部分。

三、百年中国古代科技史研究发展的必然

中国古代科学技术史的研究始于20世纪初，至今为百年，大致可划分为三个时期：①开始研究时期，从20世纪初至50年代中期。其特点局限于个人研究，且都是业余的，当时没有专门从事中国古代科学技术史研究的人员和队伍。但是，涌现了一批名家、名作。如钱宝琮和他的《古算考源》（1933）、朱文鑫和他的《历代日食考》（1934）、刘仙洲和他的《中国工程史料》（1935）、李俨和他的《中国算学史》（1937）、钱临照和他的《释〈墨经〉中光学力学诸条》（1942）、梁思成和他的《中国建筑史》（1943）、席泽宗和他的《古新星新表》（1955）等。②建制化研究时期，1957～1998年。1957年1月中国科学院中国自然科学史研究室（1975年改名为中国科学院自然科学史研究

---

① 宋正海、孙关龙主编.《中国传统文化与现代科学技术》. 杭州：浙江教育出版社. 1999.
② 刘长林、孙关龙、宋正海等.《"自然国学"宣言——为中华科技传统走向未来敬告世界人士书》. 载《汉字文化》. 2001年第4期.

所）成立①，标志中国古代科学技术史研究进入建制化时期，其特点是出现专门从事中国古代科学技术史研究的专业人员和专业机构，成果趋于全面、系统。代表性成果有：竺可桢的《中国近五千年来气候变迁的初步研究》（1972）、杜石然等的《中国科学技术史稿》（1982）、中科院自然科学史所主编的《中国古代建筑技术史》（1985）、梁家勉等的《中国农业科学技术史稿》（1988）、曹婉如等的《中国古代地图集》（3卷，1990～1997）、《中国科学技术典籍通汇》（10卷50分册，1993～1995）、董光璧主编的《中国近现代科学技术史》（1995），10卷本《李俨、钱宝琮科学史全集》（1998）等。③学科化研究时期，1999年至今。1999年上海交通大学科技史与科学哲学系、中国科学技术大学科技史与科技考古系成立②③，标志着中国古代科学技术史研究进入学科化建设时期。代表性成果有：多卷本《中国物理学史大系》（2001）、10卷本《中国天文学史大系》（2008）、30卷本《中国古代技术与传统工艺综合研究》（分为技术、工艺两大系列，2005～2006）、30卷本《中国科学技术史》（1998～2010）。

应该说近百年的研究成果十分丰硕。尤其是英国科学技术史专家李约瑟的巨著《中国科学技术史》从1954年出版以来，至2011年底已出版30多册，为"中国古代科学技术史"学科的建设奠定厚实的基础。从学科建设距离孙关龙提出、已为大批学者所公认的建立学科的四条标准（要有本学科的一套术语，要有本学科的一套系统理论，要有本学科的代表性著作，要有本学科的代表性人物）④，也还有一些差距：中国古代

① 廖育群.《回顾与展望》. 载《自然科学史研究》. 2007年（第26卷）第3期（中国科学院自然科学史研究所建所50周年纪念专号）.
② 江晓原.《上海交通大学科学史系建设八年回顾及展望》. 载《中国科学史杂志》. 2007年（第28卷）第4期.
③ 胡化凯.《继往开来，不断进步——中国科学技术大学科技史学科的建设与发展》. 载《中国科技史杂志》. 2007年第4期.
④ 孙关龙.《慎用"学"字》. 载《光明日报》. 2001年7月26日.

科学技术史研究已不乏本学科的代表性著作和代表性人物，但是其术语建设尚欠火候，距离较大的是至今缺乏一套系统理论。这也是中国古代科学技术史研究，以后需要大力加强研究和建设的方面。

　　百年的中国古代科学技术史研究，用的是西方的分科系统和西方的一些研究方法，它是研究中国古代科学技术史的一种重要手段和工具，但不应该是唯一的手段和方法。何况，它的系统和方法与中国古代科学技术系统和方法是很不相同的，所以在研究中必然出现死角和曲解，而且呈现出中国古代科学技术史研究愈深入距离中国传统文化愈远、愈大之势。自然国学则是尽可能地回归中国传统文化，运用中国传统科技的自身原有系统、方法，把物化在中国传统科技中的传统文化挖掘出来，把散落在中国传统文化中的中国传统科技整理出来，把中国传统科技与中国传统文化有机地融为一体。因此，自然国学在系统上、方法上和内容上，与中国古代科技史研究(指现行研究)是不同的。在时限上亦是不完全相同的，如中国古代科技史一般截至1840年[①](不同学者有不同的年代断法)，自然国学则不存在这个下限。随着对中国传统科技史研究深入，要求多种思路、多种方法加以研究。所以，自然国学的提出是百年中国古代科学技术史研究发展的必然。它的提出，不是要取代中国古代科学技术史的研究，而是与中国古代科技史研究互补互学、相辅相成。自然国学与中国古代科学技术史研究应该是两花竞放，各显特色，互尊互学，共同繁荣。这样，才能真正深入地把中国传统科学技术研究好，发扬光大中国的传统文化，为中国科技现代化服务，为构建具有中国特色的社会主义新文化服务，为实现具有中国特色的科学技术现代化服务。正如中国当今有了文、史、哲、艺、政、教等各学科一样，还需有人文国学的研究（许多人称之为"国学"的学科）一样；也正如西方当

---

① 杜石然等编著．《中国科学技术史稿》．下册．第233页．北京：科学出版社．1982.

今既有文、史、哲等诸学科研究，又有古典学的学科研究一样①。

四、数千年中国传统文化发展的必然

数千年的中华文化是世界唯一连续不断的文化。它深根叶茂，博大精深，源远流长，乃容乃雄。在中华文化的历史上，多少次外来文化（包括西方文化）入进，中华文化都能与之相容相融，而且外来的文化屡屡成为中华文化的新增长点。即使外族入主中原，夺取中央王朝的皇位、统治中国数十年乃至数百年的情况下，依然没有动摇中华文化为主导的地位。然而，在1840年以后情况便大不相同了，在西方列强枪炮的威胁下，西方学术文化步步紧迫，中国传统的学术文化节节败退，直至1949年败退了百余年。1949年10月以后，结束了中华民族的百余年屈辱史，中国人民得到了解放，从此站立了起来。但是，中国传统学术文化仍未获得解放，仍然被冠以落后、封建的帽子。1978年的思想解放运动，解放了中国的生产力，也解放了中国传统学术文化，并于20世纪90年代中期迎来100多年以来所没有过的中国传统文化热，且一直延续至今。据一些文化专家研究，从历史上看，后发的现代化国家对待其传统文化有这样一个规律：在现代化发展初期，多采取启蒙式的文化模式，批判本民族的传统文化，大力引进西方的现代文化；当处于现代化的挫折期，则更容易全盘否定自己民族的传统文化，反映出追求现代化不得成功的集体性焦虑症；当处于现代化顺利发展的快速期，经济发展取得相当的成功之后，国民的文化自信心便会逐渐恢复，对本民族传统文化的认同也会随之增强②。20世纪90年代中期以来，与传统学术文化隔绝很长时期的国人，在文化自信恢复、增强的同时，急切地想要了解自己祖先所创造的灿烂的文化、所创造的光辉的学术成就，促成了中国传统文

---

① 郭齐勇.《试谈"国学"学科的设置》. 载《光明日报》. 2010年8月23日.
② 陈来.《如何看待国学热》. 载《光明日报》. 2010年8月2日.

化热（国学热）的出现。因此，当今的中国传统文化热实际上是中国现代化成功发展的一种表象。而且，广大国人已不满足了解中国的传统文化，亦强烈地要了解中国的传统学术；已不满足于了解当今中国社会上流传较广的人文国学（即国学中的文史经哲经等内容），也强烈地要了解当今中国社会上很少流传的自然国学（即国学中的自然、科学技术内容）。可见，现代化快速发展所促成的数千年传统学术文化的光复和发展，必然导致自然国学的提出和复兴。

五、世界科学技术发展的必然

15世纪前后开始的文艺复兴、16世纪左右发生的宗教改革和16～17世纪兴盛的科学革命三大运动，把欧洲从中世纪的黑暗中解放出来，开启了人类社会的新纪元，促使世界进入近现代阶段。文艺复兴复活了古希腊科学，形成了全新的科学范式，孕育了科学革命和资产阶级革命。宗教改革所形成的新教，成为资产阶级革命的旗帜。起始于哥白尼《天体运行论》（1543）、维萨里《人体构造学》（1543），终结于牛顿《自然哲学的数学原理》（1687）的科学革命，导致了英国的产业革命、法国的政治革命、德国的哲学革命，使18世纪成为人类理性的伟大世纪，为19世纪科学技术的大发展创造了各方面的条件；科学自此进入以分析为主的近代科学阶段；大大加速了新技术的发明，并形成一系列产业技术群，如以煤炭、石油和电力为主导的能源产业技术群，以热机、电机和车床为骨干的机械产业技术群，以钢铁、水泥、塑料和纤维为基础的材料产业技术群，促使社会经济高速发展，一天等于过去的20年。这一切造就了前所未有的工业文明。

科学技术的车轮进入20世纪。世纪之初，首先爆发了出乎绝大多数学者意料之外的物理学革命，即产生普朗克的量子论和爱因斯坦的相对论。这两论使科学真正进入以微观机制说明宏观过程的水平，从此物理科学深入原子核内，生命科学深入细胞核内，思维科学深入脑神经元内等；在两论指导下，科学界完成了物质结构的夸克模型说、宇宙演化的大爆炸模型说、地壳运动的板块模型说、生物遗传物质核酸分子的双螺旋结构模型说、认知活动的图灵计算模型说等；在自然系统的不同层次上刷新了人类认识的科学图像。两论也为核反应堆、火箭发动机、激光器、电子计算机、生物芯片等划时代的关键技术发明提供了科学原理，导致以信息技术为核心的新技术系统的形成。两论的产生，表明自20世纪初开始，整个科学技术发展到一个新的阶段——现代科学阶段；也由此正在孕育高技术、高投入、高风险、高效益的新经济形态——后工业文明形成。

20世纪60、70年代，工业文明的副作用、征服自然的恶果凸显：地球气候变暖，臭氧层（地球上生命的保护层）遭破坏；异常天气加剧，异常灾害增多；森林被大量砍伐，水土流失加重，土地荒漠化加剧；大气污染、水污染严重，污染病、流行病、恶性病加剧；人口激增，水资源告急，能源资源告急；生物物种加速灭绝……这些涉及人口爆炸、资源枯竭、环境恶化、生态危机等全球性的问题，单个学科研究都是无法给予有效解决的，必须实施天、地、生、人综合研究，实施综合治理措施，才能真正有效。这些问题都是非线性问题，每一个问题又都是一个大的复杂性系统，以往的线性研究成果、非复杂性系统方法对它们常常是束手无策的。客观实际要求我们的科学，从以往重点放在分析方面、线性方面、简单性系统方面，转向重点放到综合方面、非线性方面、复杂性系统方面。事实上，量子论、相对论以微观机制说明宏观过程，已是要求对自然界开展综合的交叉性和整体性的研究，因而自20世纪以来交叉学科、边缘学科、综合学科大量涌现，例如生物物理学、化学热力学、生态伦理学、数量经济学、环境科学、海洋科学等。而且，出现了一系列横断科学，如上世纪40年代兴起的老三论（系统论、控制论、信息论），60年代末兴起的新三论（耗散结构论、协同论、突变论）等。这一切促使人们的物质观进行一场从旧改新的变革："旧的物质观认为：①世界可分析成为一个个机械的、独立的要素；②世界的每一个要素的状态都可以用动力学变量来描述，这些变量可以高的精确度加以度量，是决定论的；③物质世界是连续的线性变化，其变化可借助于严格的因果律来描述，能运用上述动力学变量的初始值加以确定。而新的物质观则宣告：①世界不是简单地由各个独立要素所组成，更重要的，它是一个不可分割的整体，具有整体性；②对世界各要素及其整体的描述不能采取动力学的决定性度量，它受测不准原理的制约，是非完全的决定论的；③物质世界既具有连续性又具有不连续性，既有线性变化又有非线性变化；物质世界是非连续性和连续性的统一体、非线性变化和线性变化的统一体。人们心目中的世界模式，正从线性的、可逆的、可还原的简单性动力学模式转向非线性的、不可逆的、不可还原的复杂性动力学系统模式。因此，我们现在正处在新的科学革命的开端"①。自然国学自始至终强调综合，具有显著的整体性特点；不注重决定论，具有显著的生成性、有机性特色；缺乏严格的因果律及其相应的简单系统，具有直觉性、人文性，非线性的随机因素考虑较多，因为常构成复杂的或较复杂的系统。所有这些自然国学的特点（详见第二章），与新的物质观、综合科学时代的科学技术特色多有共鸣和吻合，正如耗散结构的创始人I. 普里戈金（曾译普里高金、普利高津，Ilya Prigogine，1917～2003）所言："中国的思想对……哲学家和科学家来说，始终是个启迪的源泉"②；协同论的创始人H. 哈肯(Hermann Haken，1927～)所说：他的创造与中国古代思想"有很深的联系"③。从而可见，世界科学技术发展到了综合时代、非线性科学和复杂性科学时代，必然引发本

---

① 孙关龙．《综合性百科全书框架体系的调查研究——对<中国大百科全书>(第二版)总体设计及有关工作的初步探讨之七》．曾载《探讨》1997年第8期；后载《孙关龙百科全书论集·论综合性百科全书》．（第一卷）第161页．北京：中国大百科全书出版社．2006．

② I．普利高津等．《从混沌到有序》（中译本）．上海：上海译文出版社．1989．

③ 陈云寿．《协同学与中医学》．载《千古之谜——经络物理研究》．成都：四川教育出版社．1988．

质上是综合整体的、非线性的、复杂系统的自然国学的提出和复兴。

六、中国科学技术现代化的需要

中国要实现现代化，关键是科学技术的现代化；中国要建设成为一个创新型国家，关键是科学技术的创新。那么，中国的科学技术如何走上创新之路，率先实现现代化？这里不讨论国家应有的正确方针、政策，创造各种有益气氛和待遇；不讨论科技人员应有的雄心壮志等条件。我们认为重要的有两点：①努力向西方先进的科学技术学习，永远地谦虚地向人家学习，即使是我国实现了科学技术现代化，也还要谦虚地向外人学习，像孔子所做的和说的"三人行，必有我师"。②努力学习中国传统的自然国学。自然国学是"国学中最有价值的部分之一，是我们中国的一笔宝贵财富，更是一座科学技术宝库；它既是中国未来文化的重要源泉，也是中国科学技术创造的重要源泉"[①]。为此，我们专门撰写发表《中国传统文化与当代科技创新的若干基本理论问题》《自然国学是现代科学技术创新的重要源泉》，认为自然国学在21世纪的科学技术创新中，"将在观念上、理论上、方法上、史料上、技术基因上、灵感上等方面发挥重大的启迪或实用功能"[②③]。

目前我国科技人员对上述两点存在一重一轻的倾向：一重，是重视向西方先进的科学技术学习，这是对的，无可非议的，应一直坚持并发扬下去；一轻，是轻视向传统的自然国学学习，而且不是一般的轻视，有的人实际是蔑视或鄙视自然国学，至今认为国学（含自然国学）是落后的、封建的等。大量的事实证明，这些看法是错误的。著名气象

---

① 孙关龙、宋正海主编.《自然国学——21世纪必将发扬光大的国学》. 前言. 北京：学苑出版社. 2006.

② 宋正海、孙关龙.《中国传统文化与当代科技创新的若干基本理论问题》. 载《自然国学——21世纪必将发扬光大的国学》. 第17~24页. 北京：学苑出版社. 2006.

③ 孙关龙.《自然国学是现代科学技术创新的重要源泉》. 载《自然国学——21世纪必将发扬光大的国学》. 第85~90页. 北京：学苑出版社. 2006.

学家、地理学家竺可桢之所以能写出当时流行世界、开创历史气候学的奠基之作《中国近五千年来气候变迁的初步研究》（1972年），是因为他熟悉中国传统科技，运用了从1925年开始至70年代初收集的中国古代大量历史气候的资料。数学大师、2000年度国家最高科学技术奖获得者吴文俊，早年从事拓扑学、博弈论、奇点理论研究，作出重要贡献，尤其是在拓扑学方面创立了吴公式等，于1956年获中国自然科学奖一等奖；70年代初开始中国古代数学史研究，发表一系列新见解；70年代后期继承中国古代数学程序性算法传统，开展数学机械化和机械化数学问题研究，创立国际公认的"吴文俊消元法"（即"吴方法"），成为国际数学机械化研究的一大突破。可见，自然国学是中国科技人员实现科技创新的重要源泉。正如你要创新中国文化，若不懂中国传统文化，没有这个根是很难生长出新鲜的枝叶的，即不可能有更多的文化创新；你要创新中国科技，若不懂中国传统科技，没有这个根怎么可能生长出美丽鲜活的科技之叶、科技之花呢？即不懂中国传统科技，科技创新必然会受到这样或那样的局限。当前我们科技人员缺乏科技创新能力，尤其是原创能力缺乏，其中一个重要原因是较为普遍地不懂或不了解中国传统科技，在思想上、方法上、灵感上无法把中外古今通融一体。

再有，一个国家要实现现代化，它必须从本国的实际出发，继承历史上一切优秀的文化传统，包括科技传统，采取否定自己民族传统的虚无主义态度，不从本国的实际出发，这样的"现代化"只能是空中楼阁，实际上是无法实现的。何况，我国科技现代化要的是走具有中国特色的科学技术现代化道路，那更脱离不了中国传统的自然国学。

可见，研究、光大自然国学，不但是中国科技人员进行科技创新的需要，也是走具有中国特色的科学技术现代化的需要。

第二章

自然国学的特点

　　自然国学既是国学的有机组成部分（两大组成部分之一），又自成为独立的体系。它富有中国特色，与中国传统文化相适应形成一系列的特点，包括富有整体性、生成性、有机性、直觉性、实用性、人文性和非均衡性等特点，与具有原子论、构造性、分析性、逻辑性、应用性等特点的西方科学，遥相呼应、相辅相成，构成为世界科学技术的两大体系，有力地推动了世界文明的进程。

第一节　整体性

　　整体性是中国自然国学的最重要特色。所谓整体性，即整体思维，它是一种重整体、重系统的直觉思维。更确切地说，它是一套以《易经》为基础的，先后纳入五行说、气论、干支计时法、河洛理数而形成的理、象、数、图并举，关于世界生成演变的功能性统构的象征模型和符号体系（简称阴阳五行模型或阴阳五行体系）。这一套模型和体系完全不同于西方近代科学关于世界构成和物质运动的组合性结构的解释模型和数理逻辑体系[①]。我们认为，这套模型和体系早在先秦时期已经基本形成：周初的《易经》提出阴阳说，以阴爻、阳爻为基础所构成的六十四卦为基本单元，解释天地和万物。《尚书·洪范》提出五行说，把金、木、水、火、土作为五行，以五行的相生相克理论释解宇宙的万物。老子在《道德经》中，以道、气为万物的本原，勾画了世界万物的

---

① 李曙华.《天地之大德日生——中华科学传统的基本特征》. 载《自然国学——21世纪必将发扬光大的国学》. 第42～56页. 北京：学苑出版社. 2006.

生成图式，"道生一，一生二，二生三，三生万物，万物负阴而抱阳，冲气以为和"①。孔子总结上述成果，融汇阴阳说、五行说、气论说为一体，在《易传·系辞》中提出"一阴一阳之谓道"，并系统地提出"太极——两仪——四象——八卦——六十四卦——万物"的宇宙演化模式，把宇宙万物的生成变化综合成气或道——阴阳——五行为基础构架的整体系统。清代学者戴震在《中庸补注》中清晰地指出："阴阳五行，气化之实也……气化，分言之曰阴阳，又分之曰五行，又分之则阴阳杂糅万变，是以及其流行，不特品类不同，而一类之中又复不同。"②

这是一个以元气论为核心的自然观，认为世界的本原是元气，元气充塞宇宙，不断流动，不断变化，阴阳相对而又统一，五行相生而又相克，进而化合而构成世界的万物。这个重整体、重系统、重直观的模型，是自然国学的基石，渗透在自然国学各个领域，包括中国古代科学、中国古代技术、中国古代工艺、中国古代自然观、中国古代科学观、中国古代技术观、中国古代工艺观、中国古代科学哲学、中国古代科学技术方法等各个方面；指导着中国古代各门学问的产生和发展，天学、地学（实为舆地之学）、算学、医学、农学等无不以它为指导。因此，自然国学各个传统领域、各门传统学问无不以全面系统的观点观察各种现象，进而对这些现象进行整体性直觉的思考；无不以人与天地万物为一体的"天人合一"为最高境界，以做到"仰取象于天，俯取度于地，中取法于人"③，"上考之天，下揆之地，中通诸理"④；无不认为天与人、地与人、天与地、人与人、部分与整体、部分与部分、整体与整体、内部与外部、内部与内部、外部与外部之间等，均受制于这套模型和系统。其中，最为典型的是中医学。

---

① 《老子·第四十二章》.
② 顾伟列.《中国文化通论》. 第176页. 上海：华东师范大学出版社. 2005.
③ 《淮南子·泰族训》.
④ 《淮南子·要略训》.

中医学是以阴阳、五行和气论为基础理论的庞大医学体系。它是自然医学、整体性医学，认为自然是一个整体，人是这个整体的一部分，整体的每一个局部都含有整体的全部信息，因而又是全息医学。它认为自然是一个大宇宙，人体是一个小宇宙，两者息息相关、不可分割，人体的健康、疾病离不开天地的影响；认为人体的一切组织机构、生理功能都可划归为阴阳两种属性，人体即是阴与阳既相对又和谐的整体，人体的每一个局部都反映人体整体的性质；认为人体健康是阴阳的消长、自动调节、达到平衡的结果，人体的一切疾病主要的根源都是因为阴阳的失调，不同的疾病则是人体阴阳失调在不同情况和不同部位的反映。因而，中医防病、治病的原理和方法，如运气论、藏象说、十二经脉、奇经八脉、望诊、脉诊、闻诊、舌诊、病因辨证、三焦辨证、扶正祛邪、煎法服法等，无不都是为了调节阴阳，使人体达到新的阴阳平衡，以预防疾病或恢复健康。

中国自然国学正因为具有了整体性这个特点，所以还具有与之相适应的生成性、有机性、实用性、直觉性等一系列特点。

第二节　生成性

中国自然国学的自然观是彻底的整体性，也决定了中国自然国学的自然观是彻底的生成性。所谓生成性的特点，即说自然国学注重自然界的生成模式——自然演化观：认为世界和万物是自然而然地发生的，自然而然地发展、消亡的。这里没有上帝的特创论或神创论或目的论，丝毫不见上帝或神的作用；世界万物也不是为了某一个目的而事先安排的，而是生生不息地随机发生的、随机演化发展和消亡的。

《周易》由《易经》《易传》两部分组成。它既是中国自然国学整体性的开创者，亦是中国自然国学生成性的始创者。《易经》由六十四卦组成，其最基本单位为"阴爻"（— —）、"阳爻"（—）。每三个爻组成一个卦，下画爻、中画爻、上画爻分别对应地、人、天。它们组成的卦，如乾卦（☰，由三个阳爻组成，象征物为天）、坤卦（☷，由三个阴爻组成，象征物为地）等统称为"经卦"，为《易经》中第二级基本单位；常说的"八卦"即指八种经卦，或说是由阴（— —）阳（—）符号三叠而成的八种三画卦形。每六爻组成的卦，称为"别卦"，为《易经》中第三级基本单位；常说的"六十四卦"即指六十四种别卦，或说是由八卦符号两两相重叠而成的六十四组各不相同的六画卦形。六十四卦中的每一卦都可分解为两个八卦，诚如唐代经学家贾公彦在《周易义疏》中所曰："以八卦为本，是八卦重之，则得六十四卦。"八卦是《易经》的主体，正如《易传•系辞》曰："易生太极，是生两仪，两仪生四象，四象生八卦。"八卦（为三爻）增一爻（为四爻），则卦增一倍，成为十六卦；再增一爻（为五爻），则又加一倍卦，成为三十二卦；还增一爻（为六爻），则再加一倍卦，成为六十四卦。六十四卦再向前发展，生成万物。可见，《易传》总结并发展了《易经》的生成论思想，提出了中国自然国学的生成性模型，"太极——两仪——四象——八卦——六十四卦——万物"。这个易学模式，既是宇宙物质演化系统，又是以自然发生为序的物质生成性系统。

在《易经》的基础上，《老子》（又称《道德经》）亦继承并发展了它的生成性思想，提出"道生一，一生二，二生三，三生万物"的生成性模式。它与《易传•系辞》的生成性模型是异曲同工，一个是"一、二、三，生万物"的数字模式，一个是"一、二、四、八、六十四，生万物"的数字模式，两者数字很不相同，但都是生成性模式，也都清楚地表明宇宙和万事、万物的生成大致经历三个大的阶段：无——有——物。即《老子》中说的"天下万物生于有，有生于无"，也就是说万物生成不仅要经历一个从无到有的过程，还要经历一个从有到物的过程（即从隐至显的过程）。"有"就是一个"隐过程"或说"隐存在"，

"物"则是一个"显过程"或说"显存在"。其中,①从无到有阶段,是从无形变为有形的过程,这是一个生的过程,是一个突变过程。②从有到物阶段,是隐到显的过程,这也是一个生的过程,一个突变过程。③物的阶段,这是一个物的成长过程,是一个不断地显的过程,这亦是一个生的过程,其间也不乏含有次一级的突变。当代宇宙大爆炸理论提出:宇宙经大爆炸,从无到有;宇宙间不仅存在大量显物质,还存在大量暗物质。大型电子撞击机实验证明,撞击中不仅发现一些新物质(为显物质),还发现有暗物质。

《老子》又说"万物负阴而抱阳,冲气以为和",明确认为万物由阴、阳二气构成。这与《周易•咸象》的主张"二气感应以相与","天地感而万物化生",是一致的、相通的。汉代王充继承先秦的气说,在《论衡•谈天》篇中说:"天地,含气之自然也";在《论衡•自然》篇中讲"天地合气,万物自生"。至宋明时期形成张(载)王(夫之)的"气学"①。张载说:"凡可状,皆有也;凡有,皆象也;凡象,皆气也……舍气,有象否"②。他认为一切可描述的"状",都是"有",都是客观存在的事物;一切"有",都有"象",即事物的表象或说事物的外象;一切"象",都是"气",都是内在"气"的不同的具体表现;没有"气",则不可能有"状",不可能有"象"。张载既承认各种事物的"象"的差异,又认为各种不同事物的"象"最终统一于"气",这比前人一般说万物由"气"构成,不涉及万物之间的差异,则是前进了一大步。张载又提出"太虚即气"的命题③,认为虚空就是"气","气"有聚与散、有形与无形的变化。聚,叫有形,眼睛能看见;散,则无形,眼睛看不见。两者是统一的,统一于"气",且无形是"气"的本体状态,从而把有形与无形统一于"气",也把"太虚"

① 张立文.《宋明理学研究》.第23页.北京:人民出版社.2002.
② (宋)张载.《正蒙•乾称》篇.载《张载集》.第63页.北京:中华书局.1978.
③ (宋)张载.《横渠易说•系辞下》.载《张载集》.第231页.北京:中华书局.1978.

与"气"统一起来，即也把《周易》中的"太极"、《老子》中的"道"与"气"统一起来。这是完全符合《周易》所描述"太极"时的混沌状态和"一阴一阳之谓道"的精神，也完全符合《老子》中所说的"有生于无"，道是"有"与"无"统一的主张。张载接着提出"一物两体"说："一物两体，气也"[1]，"两体者，虚实也，动静也，聚散也，清浊也，其究一而已"[2]。他非常精辟地指出，"气"是一物两体；"气"包含虚与实、动与静、聚与散、清与浊等各个相对的两个方面，但是本身是一，"其究一而已"。正因为"气"是一，并且又为两，故而能变化莫测；正因为"气"是两，才能使一的"气"化生万物。"气"没有"一"，便没有"两"；"气"没有"两"，也就没有"一"。张载创立的"太虚即气"的本体论，为中国的生成论奠定了科学的基础。张载是中国气学的创立者，是中国生成论的集大成者，也是中国生成论理论的最终确立者。王夫之继承发展张载的气论，提出"太虚实者"本体论，认为宇宙除"气"外，更无他物。"太虚"，"一实者也"，即"气"是实体，"从其用而知其体之有"。他批判宋明理学、心学，指出理、心、性等问题必须从"实有"之"气"出发，否则就是空无一物的妄论，进而提出"理依于气"，"气"是实体，"理"是"气"的规定、规律；"道者器之道"，道不是单独的实存，而是通过实有的器体现的，"据器而道存，离器而道毁"。又提出"太虚本动"论，认为宇宙万物是"恒"动的，没有间歇，没有停止；进而指出，"物动"而"日新"，其机理是二气"必相反而相为仇"，同时"相反而固会其通"，即阴阳二气相反又相通而致。还提出"合分相即"论，主张阴阳二气是相分的，又是恒通的，在其分处即有合，合处亦有分，二气是即分即合的，此为"恒常"等。

生成性贯彻于中国自然国学的各个领域、各门学问中。如元代数学

---

① （宋）张载．《正蒙·参两》篇．载《张载集》．第10页．北京：中华书局．1978.
② （宋）张载．《正蒙·太和》篇．载《张载集》．第9页．北京：中华书局．1978.

家朱世杰在其著作《四元玉鉴》一书中，受《周易》"易有太极，是生两仪，两仪生四象，四象生八卦"和《老子》"道生一，一生二，二生三，三生万物"的影响，提出"一气混元"、"两仪化元"、"三才运元"、"四象会元"，以及"天元"、"地元""人元"、"物元"等概念；认为四元式的表示法"以元气(即常数项)居中，立天元一于下，地元一于左，人元一于右，物元一于上"，一个四元式即是四元高次方程组的一个方程；进而分别给出天元术、二元术、三元术、四元术的288道例题给予解答和说明。全书把这288道例题分为3卷、24门，全都用天元术（即一元高次方程组解法）、二元术（即二元高次方程组解法）、三元术（即三元高次方程组解法）、四元术（即四元高次方程组解法）求解，完善了天元术，发展了二元术、三元术，创立了四元术，从而形成高阶等差级数求和问题的完整体系，还创造高次招差公式等重要成就。其中高次招差公式，在西方于300多年后才由英国数学家、物理学家牛顿研究提出。《四元玉鉴》是中国运用《周易》等生成性思想最为得体的科技著作，亦是中国传统算学中水平最高的著作。①

又如，明代医学家、药物学家李时珍所著《本草纲目》（1578年成书），以16部为纲、60类为目，各部 "从微到巨"、"从贱至贵"排序，显明地以生成次序把自然界分为无机物界、植物界和动物界（后两者为有机物界），然后对3界进行分类。其中的动物按低等到高等的顺序，将444种动物药物分为虫(相当于无脊椎动物)、鳞(相当于鱼类动物，包括部分爬行动物)、介(相当于两栖类、爬行类动物，包括部分无脊椎的软体的介壳类动物)、禽(相当于鸟类动物)、兽(相当于哺乳类动物)、人六部，这正是200多年后英国生物学家C．R．达尔文在《物种起源》（1859年）名著中所揭示的从简单到复杂、由低级到高级的动物进

---

① 《中国大百科全书（第二版）》．第29卷第532页("朱世杰"条)．北京：中国大百科全书出版社．2009．

化序列，也是动物界的实际生成系列。《本草纲目》不仅是中国古代药学史上篇幅最大、内容最丰富的药学巨著，而且在生成性思想影响下创立了当时中国和世界上最为先进的药物分类系统，把中国古代药物学的发展推向高峰。

再如，主要内容成于战国末的博物学著作《尔雅》，继承并发展《周易》等书的生成论思想，其自然部分的篇目完全是按自然界生成演化的系列排序：从《释天》到《释地》；进而《释丘》《释山》至《释水》，为地球上的无机物界；然后进入有机物界，《释草》释草本植物，《释木》为释木本植物；以后进入动物界，由《释虫》（释无脊椎动物）到《释鱼》（释有脊椎动物的鱼类，内含水生的无脊椎动物——介类，两栖动物和水生的爬行动物），再至《释鸟》（释鸟类动物）和《释兽》（释哺乳类动物）。这是一个以自然生成为序的本体论的次序，也是以自然生成先后为序的分类法，以后的雅学系列著作大致都遵循这个本体论的分类体系。《尔雅》不但发扬光大了中国的生成性思想，创造了中国和世界现知的第一个以自然生成为序的本体论分类法，而且成为当今中国和世界现存最早科学分类著作[1]。

第三节　有机性

中国自然国学的自然观是彻底的整体性和生成性，决定了中国自然国学必然具有有机性的特点。所谓有机性，是认为自然界是一个物质世界，而不是一个虚无缥缈的世界；而且是一个有机的世界，即是一个有生命力的物质世界，是一个"生生不已"的有机体，是各部分不断生长

---

[1] 孙关龙．《世界现知最早的科学分类著作——〈尔雅〉》．载《澳门研究》第39卷(2007年4月)．

变化的、相互联系的、有生命的整体。

　　《周易》提出"生生之谓易"，易即生，易即变，易即用；并确认天地人"三才说"。《老子》则云："故道大，天大，地大，人亦大。域中有四大，而人居其一焉。人法地，地法天，天法道，道法自然。"《老子》认为自然界由四大部分或四个层次组成：即道、天、地、人。其中天、地、人，是有形的，为实，受道的主宰而发生变化；道则是无形的，为虚，寓于在天、地、人而得以体现。这四个层次是互不相同的，且有主次之分，主层次涵盖次层次，次层次受制于主层次，从而产生"人法地，地法天，天法道，道法自然"的关系，也就是说人被地涵盖，地被天涵盖，天被道涵盖，道为万物之本始。

　　中国自然国学处处打上了有机性的烙印，其中最突出的为"天人合一"思想。"天人合一"思想源于周初，当时表述为天地人"三才"思想。《周易》以天地人三才思想为自然法则，建立了有条理的世界体系。它强调天地人的各种关系必须按自然规律办事，顺应自然，在天地人的和谐中做事。"天地变化，圣人效之"，"与天地相似，故不违"，在这个前提下"天行健，君子以自强不息"（《周易·系辞下》）。3000年来，这种生态伦理思想虽有不同的表达方式，但一直延续到近现代。《老子》强调："有物混成，先天地生……人居其一焉……道法自然。"即说人来自自然，为自然的一部分，天道与人道是和谐统一的，不存在人是主宰者。《庄子》说："人与天一也"（《秋水》），"天地与我并生，而万物与我为一"（《齐物》）。至宋代，张载明确提出"天人合一"的命题（《正蒙·乾称》），并指出 "天地之塞吾其体，天地之帅吾其性，民吾同胞，物吾与也"（《西铭》）。他认为，充塞天地之间的气构成人体和万物，统帅气的变化本性也是人与万物的本性，人民是我的同胞兄弟，万物是我的伙伴、朋友。明末清初的王夫之则讲得更为清晰："夫易，天人之合用也"，"天之所以天，地之所以地，人之所以人，不相离也（《周易外传·系辞上》）。"

现知最早把天象、生物象与人类活动联系起来考察研究的科技著作是物候学名篇《夏小正》。它以夏历记事，把一年分为十个月，以时系事，逐月考察记录了天象、气象、生物象和农业生产活动。全文仅400余字，却把所见的参、鞠、昴、南门、大火、织女、房、北斗、河汉（银河）等星象，霜、雨、俊风、大旱、小旱等气象，以及雉、雁、鸠、鹰、鸡、鱼、獭、田鼠、羔羊等40多种（类）动物的活动和梅、杏、桃、麦、枣、麻、兰、柳等近30种（类）植物的变化，联系在一起进行考察，成为中国和世界现存最早的物候学著作[①]。

最能体现天地人三才说的领域是中国古代农学。早在春秋战国时期，人们已认识到天时、地利、人和是农业生产必备的三大因素。《吕氏春秋·审时》篇说："夫稼，为之者人也，生之者地也，养之者天也。"为此，我国劳动人民充分利用农田空间，创造了一系列最大限度持续利用光、热、土、肥、水、气等环境因子产生增产效益的农业技术体系。这个高效的能较长期持续发展的农业技术体系，大致包括以下几个方面：①创造了套种、复种、间作、混作等多层次的一系列的适宜于各类农田的种植制度；讲究早种与晚种、早熟与晚熟、高秆与矮秆、地面与地下、喜阳与耐阴、蔓生与直立、深根与浅根等作物的合理搭配和巧妙布局；注重农、林、牧、副、渔综合发展的立体布局，实现水（渔、副业等）、陆（农、林、牧、副、商）、空（养蜂、鸽等）共进，上（高秆作物）、中（矮秆和匍匐茎作物）、下（地下根、茎作物）并举，从中取得最大的经济效益和生态效益。②实施用地与养地相结合的"地力常新壮"的方针。商周时期已开始给庄稼施肥，战国时期形成"多粪肥田"技术，宋代提出"时加新沃之土壤，以粪治之"的"地力常新壮"论（《陈旉农书》），元代进而提出"惜粪如惜金"观点、"粪药"说（用粪如用药，要因地制宜）（《王祯农书》）。数千

---

① 孙关龙主编．《自然科学发展大事记·地学卷》．第4页．沈阳：辽宁教育出版社．1994．

年以来，施用有机肥料不但培肥了土壤，而且促进自然界的生物循环，"变臭为奇，化恶为美"，使中国成为世界上农业发展较早而没有出现地力衰竭的仅有几个国家中的一个①。③一整套精耕细作的技术。我国农田有精耕细作的传统，它形成于战国时期，至今已有2000多年。于魏晋南北朝时期，在我国北方已形成旱作农业的"耕一耙一耱"耕作体系，按照"蓄住天上水，保住土中墒"的原则，创造和发展了一整套扬长抑短、趋利避害的旱作技术，如深耕蓄水、耙耱保墒、以肥调水、秸秆覆盖、配置耐旱作物等，这些都是世界旱地农业中独有的农业技术特色。于唐、宋时期，在我国南方形成一整套水田"耕一耙一耖"耕作体系，将水田耕作技术提高到一个新的水平②。元代，为适应稻麦轮作复种的需要，又创造开瞵作沟、瞵沟腰沟、沟沟相通、整地排水技术（《王祯农书》）。④一系列生态防治害虫方法。春秋战国时期，已总结出深耕可除草、消灭害虫技术和方法（《吕氏春秋·任地》篇）。公元3世纪，已运用生物治虫，这是世界上以虫治虫的最早记载（《南方草木状》）。晋《十三州记》记载，雁能食虫除草。南宋《救荒活民书》根据蝗虫不食豆苗的特性，提出广种豌豆以防蝗害。明末《农政全书》指出：种棉两年，种稻一年，则虫螟不生，超过三年不轮种则生虫害。明末《沈氏农书》讲种芋年年换种，新地则不生虫害。清《农桑经》提出麻能避虫，主张豆地应间种麻子等一系列生态防治害虫的技术和方法。上述一系列事实说明中国传统农学是富于有机性的，中国传统农业是有机农业、生态农业，也是具有众多持续发展因子的农业。

---

① 佟屏亚．《传统精细农艺与现代农业的持续发展》．载《中国传统文化与现代科学技术》．第277～281页．杭州：浙江教育出版社．1999.

② 《中国大百科全书·农业》卷．第1653～1654页．北京：中国大百科全书出版社．1990.

第四节 实用性

中国自然国学具有强烈的实用性特征，几乎古代中国的所有科学创造、技术发明都是着眼于实用，很少或基本上没有为了探讨自然奥秘去作寻根追底的科学创造和技术发明。所以，实践性的学问农学、舆地之学（简称地学）、医学（即中医学），理所当然获得长足的发展；即使是纯理论性、思辨性的数学和带有相当理论色彩的天文学，在中国古代也发展成为颇具实用价值的算学和天学。

中国古代天学成就突出，主要表现在天象观测和历法编制两大分支方面，其实用性、目的性都非常强。目的性主要有两个：①为星占，通过观测天象的变化，判断国运、人事的凶吉；②为"观象授时"，通过历法的制定，指导农业生产顺应天象、气候的变化。中国是文明古国，所以天象观测起步早，且连续、较为完备、较为准确，成为独步古代世界的天学成果。其中，对日食、月食、彗星、流星雨、太阳黑子、超新星（客星）爆炸等天象记录，世界公认中国最早[①]，也最为系统。中国历法的成就也是世人瞩目，早在春秋时代已采取19年7闰的制历法，一年为365.25日，为当时世界上最为精确的回归年值，比采取同值的欧洲罗马儒略历要早四五百年；以后，中国古代历法共进行过102次改革，其中元代郭守敬主持创制的"授时历"最为精确，其一年已精确到365.2425日，这个数值与地球绕行太阳公转一周的实际时间仅差26秒，与现代国际通行的公历"格里高历"完全相同。而"授时历"要比"格里高历"早问世约300年[②]。当然，我们不否认由于将天象与朝代的兴衰和人事的

---

① 顾伟列.《中国文化通论》. 第163页. 上海：华东师范大学出版社. 2005.
② 顾伟列.《中国文化通论》. 第165~166页. 上海：华东师范大学出版社. 2005.

变化联系起来，一些天象的观察和研究理论有牵强附会之处，甚至带有谶纬色彩；由于囿于实用，中国传统天学对天体运动轨迹模式的研究缺乏兴趣，故而必然出现对哈雷彗星记载最早、最多、最为详细、最为系统的中国未能发现哈雷彗星（即指中国没有人去研究、计算出哈雷彗星的活动轨道，也没有人给它命名）等现象。但是总的看，富有实用性的中国古代天学在整体性、有机性等指导下，取得的是古代世界一流的天学成果。

中国古代算学带有很强的实用目的。中国传统算学的奠基之作、世界科学名著《九章算术》，分列方田、粟米、衰分、少广、商功、均输、盈不足、方程、勾股，共九章，收有246个应用问题的解法，多是从实际生产中、生活中提炼出来的实用性问题。例如，"方田"一章是讲田亩面积计算的方法，"粟米"一章是讲粮食交易中按比例折换的计算方法，"衰分"一章是讲分配比例的计算方法，"商功"一章是讲土木工程体积的计算方法，"均输"一章是讲合理运输与摊派赋税的计算方法，等等。《九章算术》中的正负数运算法则，分数四则运算，线性方程组解法，比例计算与线性插值法等，都曾领先世界数百年。它从实际问题出发，而不是从公理演绎出发；以解决实际问题为目的，而不是以推理论证为主旨，所形成的算学体系与古希腊以欧几里得的几何为代表的演绎体系旨趣迥异、途径亦殊[①]。《九章算术》所奠定的从实际问题出发、以解决实际问题为宗旨的算学体系，为中国后世历代数学家所继承，使中国数学在世界上领先达1000多年。它在算术、代数和几何的量算等方面长时间地保持着自身的优势。但是，它太强的实用性，缺乏理论的探讨和阐述，忽视在抽象演绎的基础上进行系统的理论体系的建构，导致中国数学从晚明、清初以后一直落后于西方数学。然而，时至当今又发生了不以人的意志为转移的重大转折：计算机的出现和应用，

[①] 吴文俊．《关于研究数学在中国的历史与现状》．载《自然辩证法通讯》1990年第4期．

"其所需数学的方式方法，正与《九章》传统的算法体系符合。《九章》所蕴含的思想影响，必将日益显著，在下世纪中将凌驾于《原本》（注：指古希腊欧几里得的《几何原本》）思想体系之上"。[①]

第五节　直觉性

中国自然国学整体性、生成性的思辨和注重实用性的特点，决定了中国自然国学的方法论是直觉性的。所谓直觉性，是讲中国自然国学的基本研究方法是观物、取象、比类、体道。观物、取象谓之"直"，比类、体道谓之"觉"。即在研究过程中，注重"取物论喻"、"格物致知"、"技进于道"，采用直觉顿悟的方法，忽视逻辑分析、数学演绎和实验证明的方法。《易传》中已对这类方法作了非常贴切的总结："古者，包牺氏之王天下也，仰则观象于天，俯则观法于地，观鸟兽之文与地之宜，近取诸身，远取诸物，于是始作八卦。" 其中的仰观天文、俯察地理、察视鸟兽，为观物及取象；由现象而类推，近取人身，远取万物，则为直觉顿悟，以此认识和解读宇宙大系统中天、地、人三者关系。

直觉是人类一种基本的思维方式。它是主体自身运用知识经验，对客体的本质、属性以及相互之间的联系作出的迅速的识别、直接的理解及其整体性的判断。它与分析思维相对应：分析思维遵守严密的逻辑规则，把对象分解为不同的部分或层次，通过逻辑推理，能用语言定量地将思维的过程、得出的结论及其原因清晰地表述出来，具有分析性、逻辑性、严密性等特点；直觉思维则把对象作为一个整体加以观察，通过比类、体悟，直接得出结论，具有综合性、直接性、跳跃性、模糊性等

---

① 吴文俊．《九章算术汇校本·序》．第2页．沈阳：辽宁教育出版社．1990.

特点。直觉性缺乏严密的逻辑规则，难于十分明确地表述其进程，也很难清晰地表达结论和原因。由于它是一种经验性的思维，因此知识经验的质量，直接影响着直觉思维水平的高低。一般说，知识越渊博，经验越丰富，其直觉思维的成效就越高。这方面，中医是很典型的实例。通过面相、手相、望诊、切诊，进行观物取象，然后把五脏比类五行（肝属木，心属火，脾属土，肺属金，肾属水），五行之间相生相克，五脏之间也有相应的关系，依据五脏相生相克的原则可以直观类推出诊治疾病的方法。如肝阳太盛，按水生木的原则，可通过滋养肾阳来润养肝阴，以便抑制肝火，治疗疾病。

直觉性思维贯穿于中国古代思维发展的始终。它促进了中国人的知识和经验积累，对于中国人综合、归纳能力的培养和提高，丰厚中华民族的文化宝库，有不可磨灭的价值；使自然国学重视整体的把握、系统的生成，注重事物之间的有机联系，亦使中国古代医学、天人协调的生态伦理理念等至今仍有强大的生命力。然而，它忽视理性与逻辑，在定性化认识和描述事物时缺乏量化，在整体认识事物的同时缺乏对部分的精确分析，导致认识上的笼统性、模糊性，甚至带有一些直觉主义和神秘主义的成分；导致自然国学严密定理和定律的匮乏，难以构建博大严密的理论体系。

第六节　人文性

中国自然国学整体性、生成性、直觉性的思维和方法，决定了自然国学具有鲜明的人文性。所谓人文性，是指中国传统的自然观、科学观、技术观及其科学的发现和技术发明中都富有人文色彩。突出地体现在两个方面：一是中国自然国学自始至终地主张人与自然的和谐关系，不"唯科学主义"；一是中国自然国学富有人文关怀。

51

一、人与自然的和谐

《周易》富有"天人合一"的思想，它强调"天地之道恒久而不已"（天地的运行规律是恒久而不停止的），"天地交而万物通"（天气、地气阴阳交合，万物生养之道必然畅通），"天地不交"则"万物不通"（以上引语均见《象传》篇），万物包括人类。先秦诸子百家都不约而同地主张"天人合一"，包括儒家。例如，孟子明确提出："莫之为而为者，天也"，可见"天"指自然规律；而且，"莫非命也，顺受其正"（说事物发展有人所不能预知的客观必然，从这个意义上讲人应顺"其正"，遵循其规律）。但他又严肃指出，"求在我者"，反对对事物持消极态度，而主张"求则得之，舍则失之，是求有益于得也"；应该"尽其心者，知其性也。知其性，则知天矣"（以上引文出自《孟子》的《万章上》《尽心上》《离娄上》篇）。诸子百家中，最为突出的是道家的"天人结构"观。他们清晰地指明："人法地，地法天，天法道，道法自然（《道德经》）。"即人地系统、天地系统、人天系统等所有子系统，最终都受制于"自然"，都归结为"自然"。"天人合一"观，历经王充、张衡、张载、沈括、李时珍、徐霞客、王夫之等继承和发扬，一直成为中国传统哲学的核心、自然国学的核心。它主张人类要尊重自然、敬畏自然、与自然是平等的、融合一体的；人类可以利用自然，但是首先要认识自然、顺应自然。所以，2000多年前的《周礼》《秦律》已规定，砍伐树木、捕狩鱼兽要讲究时令，幼树小苗不能砍伐，小鱼幼兽不能捕狩，树苗生长季节、鱼兽繁殖季节不能砍伐和捕狩等。而且，这些认识在2000多年前都已上升为国学层面，且作为法令加以颁布。

《周易·系辞上》指出："尚象制器"，"形而上者谓之道，形而下者谓之器"。它强调要按"象"、"道"制器，即按自然哲理去进行器的发明创造，也就是说器要以道为本源。《庄子·养生主》云"道也，进乎技矣"，道亦是技的本源。《庄子·天下》曰"术原于一"，"一"者，道也，术也是以道为本源的。器、技、术都是人类智慧和发明的产物，它们都生于道，亦都归于道。也就是说，不论在任何时间、任何地点，每一项新器、新技、新术都以不能危害天地、不能危害万物、不能扰乱自然法则为其基本的准则。道为器、技、术之本源，敬重自然又和谐自然，利用万物又和谐万物，是中国传统的科学观、技术观，也是自然国学的核心。

西方文化是天人对立的文化，西方科学是征服自然的科学。例如，英国著名科学家近代科学、创建人F.培根多次说过，自然与人类之间没有通路，自然对于人类来说是上帝独立创造出来的第三者，用各种各样的实验对自然进行解剖和试验，并对它进行为所欲为地支配和利用，是理所当然的。后来，笛卡儿确立"机械论"。"机械论"的世界观与控制自然的思考方法相结合形成了近代科学（西方）的思想基础[①]"。他们充分发挥个人的聪明才智，进行科学技术的创造和发明，从不考虑应该接受自然法则的评判，从不考虑天地万物能否容忍，肆无忌惮地强制和榨取自然。结果科学技术一天天地发达了，人们的财富一年年地增加了，空气变坏了，水体污浊了，天变昏暗，地被染色……实践宣告西方已有的自然观、"唯科学主义"模式行不通，宣告中国传统的人与自然和谐发展的科学观才是人类应该选择的正确模式。

二、富有人文关怀

中国自然国学的人文性还体现在人文关怀上。如文学中对与人们休戚相关的天象异常给予格外重视，舆地之学中对一般给人们带来苦难的灾害和异常（包括气象灾异、地象灾异、水象灾异、植物象灾异、动物象灾异、海洋象灾异等）格外重视，自孔子的《春秋》开始，有了全

[①] （日）伊东俊太郎、树上阳一郎.《超越近代西欧科学》. 载《月刊NIRA》1981年12月号.

面、系统地记载①，历代正史、志书、笔记、野史等古文献中都有或较多或较系统的记载，形成一个系列长、连续性好、地域广阔、内容多样的"巨大的自然信息宝库"②。它在世界上是独一无二的，在当代还在造福人类，包括在人类环境研究、各学科研究中，尤其是在当代防灾抗灾中发挥着巨大而特殊的作用。

又如，中医的"四诊"（望、闻、问、切）是带有极大的人文关怀的。四诊是由东汉名医张仲景总结发明提出。张氏生活于东汉末年，当时战乱频仍，大疫流行，张氏家族200多人自建安元年（196年）以后不到10年间，死者多达一百四五十人，占其三分之二③。于是他"勤求古训，博采众方"④，发奋学医，终成一代名医，撰写出中医临床奠基之作《伤寒杂病论》。同时总结发明"四诊"，对病者实施"望诊"、"闻诊"、"问诊"、"切诊"，本身体现了高度的人文关怀。患者有各种各样的情况，亦可能是传染病患者，医者对患者实行"四诊"是有一定风险的，没有医德、没有牺牲精神是不可能成为一名好医师的。尤其是"切诊"，以医者之手与病者之生命活动发生共感，在与病人共感中给予关怀、同情，在共感、同情之中了解病况，给病者治疗。这种充满人情味的"切诊"，是中国医学特有的诊断和治疗方法。

西方的科学技术是缺乏人文关怀的，对此，不少西方学者都有察觉，并展开批评。如美国学者T.罗扎克（Theodre Roszak）在其《一种反文化的形成》书中，批判西方的科学技术缺乏人性，过于依赖统计，不重视个体，无视人类的权利和动物的权利⑤。英国学者李约瑟则批评西方"将科学应用于掠夺性的技术，从而增加个人财富"，且认为这是

---

① 孙关龙.《春秋灾异考——兼论〈春秋〉的基本内容与作者》. 载《东洋社会思想》（韩国）第19卷（2009年5月）.
② 宋正海总主编.《中国古代重大自然灾害和异常年表总集》.《自序：中国古代自然纪录现代科学价值的发现》. 广州：广东教育出版社. 1992.
③ ④ （汉）张仲景.《伤寒杂病论·自序》.
⑤ （日）伊东俊太郎、村上阳一郎.《超越近代西欧科学》. 载《月刊NIRA》1981年12月号.

"天经地义的"；"相反，中国人从未受到过使我们陷入类似错误的引诱，现在正是他们帮助我们返回真正人性王国的时候"①。

第七节　非均衡性

中国自然国学的非均衡特点，指的是科学与技术发展的极不均衡。中国古代的技术、工艺高度发达，其技术、工艺发明的数量和质量，在世界上少有国家能与之相比。在数量上是出人意料之外的多，据有的学者统计的世界各国从公元前6世纪至1500年的重大科技成果，表明自公元前6世纪至1500年的2000多年中，中国的技术、工艺发明成果约占全世界的54%②。即说，自公元前6世纪至1500年的2000余年中，中国的技术、工艺发明成果总数超过所统计的世界各国技术、工艺发明成果的总和。在质量上亦是出人意料之外的高：例如，一致公认推动了世界文明发展的指南针、造纸术、印刷术、火药四大技术发明都出自中国；又如，同样被公认推动了世界文明发展的、一些学者称为新四大技术发明的丝绸、瓷器、中药、茶叶，亦都出自中国。再如，20世纪90年代秦始皇兵马俑坑中出土的文物所显示的高超技术和工艺，有一些专家应用当代发达的科学技术手段和知识进行化解和释义，有些成果至今不得其解：①一把被数百千克重的陶俑压弯的宝剑，当发掘者搬开陶俑时，弯曲的宝剑竟然慢慢地复原伸直了，即说明这把宝剑2000多年的弹性没有变化。2000多年前的人们是怎么铸造出弹性千年不变的宝剑的？②秦俑佩带的一把青铜宝剑，在地下埋葬2000多年依然光亮如新。经过专家化验研究，发现青铜宝剑表面涂有

---

① （英）李约瑟著.潘承湘译.《历史与对人的估价》.载《李约瑟文集》.第309～354页.沈阳：辽宁科学技术出版社.1986.
② 顾伟列.《中国文化通论》.第178页.上海：华东师范大学出版社.2005.

一层厚度相当于一张报纸的铬盐氧化层。金属镀铬是需要电的，完全是一项现代工艺，是德国人和美国人先后于1937、1950年发明的，并于20世纪50年代才申请到专利。秦兵马俑佩带的青铜宝剑是怎样把铬镀上去的，2000多年前采用了什么技术和工艺？③兵马俑坑中出土的铜马车是稀世珍宝，它那顶浇铸成的超大、超长、超薄的车盖，2000多年前是怎样铸造出来的？④兵马俑坑出土的彩绘陶俑，经研究化验发现，其颜料多为天然矿物质，红色采自朱砂，黑色则为碳黑，白者来自磷灰石，而紫色则不得其解。因为经研究和鉴定，这种紫色颜料成分为硅酸铜钡，然而在自然界从未发现过，是在20世纪80年代才由人工合成。那么，彩绘的秦俑在2000多年以前就使用紫色颜料了，究竟是怎么一回事？①②

但是，与高超的技艺相比，古代中国在重大的科学理论方面的建树却显得逊色多了。这里，首先要说明中国古代不是没有科学理论，更不是有人认为的中国古代只有技术，没有科学。中国古代对自然探索及其形成的科学理论是相当多的。例如，中国古代天学在战国时期已有记录144颗恒星的世界现存第一份星表；东汉张衡的《灵宪》一书，对天体天文学的论述在其后1500年间没有实质性的超越；公元6世纪北齐的张子信在天文上有三大发现：发现太阳运动的不均匀性；发现卫星运动的不均匀性；发现月球视差对日食的影响，并提出了相应的计算方法。中国古代算学于先秦时期即创立十进位值制，提出勾股原理；汉代成书的《九章算术》提出了相补原理、截面积原理、齐同原理等；北宋时期创立贾宪三角、增乘开方法（即高次方程解法）；元代创立四元术（即联立高次方程组解法）和招差法。中国舆地之学，早在先秦时期就有一系列保护环境的思想及其法令；晋朝时提出制图六体，唐宋正式确立海

① 席泽宗．《科学史与现代科学》．载《中国传统文化与现代科学技术》．第70页．杭州：浙江教育出版社．1999.
② 李晓蒙．《出土文物里的现代化雏形》．载《鉴赏中国》（报）2010年8月24日.

陆变迁的"沧海桑田"说；宋代已萌发化石的概念；唐宋元明有着世界上最早、最系统的海洋潮汐理论等。中医学有经络学说、辨证论治理论等，涌现出伤寒学派、医经学派、经方学派、河间学派、易水学派、温病学派等，世界上没有一个国家的古代医学有那么多的学派，等等。《墨经》提出了圆、方、平、直、端（点）、次（相切）等数学概念及其定义；发明了无穷小概念；记述了"沉形之衡"的浮体理论，讨论了杠杆、滑轮和斜面的力学原理，对力、自由落体、平动、转动和滚动给出了正确定义；还定义了时间和空间，并将时空与运动结合起来进行讨论。尤其是集春秋战国时期光学知识的大成，提出：①"影"的定义，并解释影子形成的原理；②光与影的关系；③光的直进性质，并以小孔成像实验证明；④光反射特性；⑤从物与光源的相对位置确定影子的大小；⑥平面镜成像；⑦凹面镜成像；⑧凸面镜成像。专家认为："这八条文字，既论影，又论像，大体上奠定了几何光学的基础。"[①]明代的徐霞客为了知识，醉心于探险，献身于大自然，开拓了中国学术界实地考察、研究自然规律的新方向，作出了超越于前人的一系列贡献，特别是关于喀斯特地貌的探索和研究居于当时世界的先进水平，被尊为中国和世界考察喀斯特地貌的先驱，中国近代地理学的先驱（见第五章第四节）。而且，中国古代有超前发展的农学、世界一流的天学、领先世界的算学、富有特色的地学（舆地之学）、独树一帜的中医学，这些都已是世界科学技术史界公认的史实。然而从总体上讲，它们毫无例外地偏向实用性，忽视科学理论的建构，忽视科学研究方法的探索，忽视对客观事物内部深层结构的定量研究和实验分析，忽视研究过程中的逻辑分析、数学演绎和实验证明，故而造成概念过于空泛，释解较为笼统，认识较为模糊，表述难于精确，限制了中国古代科学技术向更高层面的发

---

① 《中国大百科全书（第二版）》. 第29卷. 第224～228页（"中国物理学史"条）. 北京：中国大百科全书出版社. 2009.

展，难以从实用层面上升为具有逻辑结构的理论体系层面，使中国科学理论方面的成果远不及应用技术方面的成果，对自然奥秘方面的研究探索远不及对治世之道方面的研究探索。即便是中国科技史上几部最为耀眼的科学技术著作，春秋晚期被公认为世界上第一部技术工艺专著《考工记》，汉代成书的世界名著《九章算术》《黄帝内经》，宋代的中国科技史上最伟大的著作之一的沈括《梦溪笔谈》，明代的堪称对中国农学、技艺和医药学作出全面总结的《农政全书》《天工开物》和《本草纲目》，也多限于记录和归纳实际操作的程序及实用经验和标准的总结，以经验性、实用性见长，对实用技术的总结和探讨远远超过对科学理论、科学方法的总结和探讨。

※※※※※

富有整体性、生成性、有机性、直觉性、实用性、人文性等特点的中国自然国学，造就了中国古代辉煌的、世界少有的科学技术成就，也造就了发达的、亦是世界少有的农业文明。然而，这些特点与工业文明所需要的原子论、构造性、分析性、逻辑性和演绎性是很难接轨的，因此中国的自然国学很难滋生出近代科学。同时，我们也应该实事求是地看到，近代科学虽然产生于西方，以古希腊为代表的西方科学技术传统体系与工业文明所需要的原子论、构造性、分析性、逻辑性和演绎性较为吻合，营造了滋生近代科学的土壤，但西方近代科学也是大量吸收了中国的自然国学知识之后，才真正形成和发展起来的。例如，中国古代算学经阿拉伯传到欧洲，大大增强了欧洲人的计算能力，欧洲人把代数与几何结合产生解析几何，发明对数，后又产生微积分，为整个数学开拓了广阔的前景。"所以，西方近代数学……是古希腊欧几里得几何体系为代表的理论推理数学，与中国古代以代数为主的算学体系为代表的实用性数学相结合的产物"[1]。诚如

---

[1] 孙关龙.《中华文明史·科技史话》. 第26页. 北京：中国大百科全书出版社. 2010.

中国科学技术史研究专家、英国学者李约瑟在20世纪50年代公正地指出："中国思想，其对欧洲贡献之大，实远逾吾人所知。在通盘检讨之后，恐怕欧洲从中国得到的助益，可以与西方人士传入中国的17、18世纪欧洲科技相媲美。"①

20世纪下半叶，世界经历了数百年的工业化和现代化以后，进入了后工业文明新时代（我们认为确切讲是生态文明时代，即人类经历原始文明、农业文明、工业文明后，现正在进入生态文明时代），随之科学从小科学进入大科学时代，从分析性科学为主进入整体性或说综合性科学为主的时代，诚如上一个世纪90年代我们所论述的："边缘学科和交叉学科的大量萌发，横断学科的不断涌现，网络状知识的出现，既是客观世界的真实反映，又是科学发展的必然。以原子论为基石的近代科学所形成的关于物质的哲学观已经发生了动摇，而且必将为新的物质哲学观所替代。"世界模式"正从线性的、可逆的、可还原的简单动力学模式转向非线性的、不可逆的、不可还原的复杂动力学系统模式。因此，我们现在正处在新的科学革命的开端。"②自然国学的整体性、生成论性、有机性的特点是与新科学革命开启的综合科学时代相适应的，是与新的后工业文明时代即生态文明时代相吻合的。因此，当今的21世纪不是自然国学要不要复兴的问题，21世纪自然国学复兴是必然的，是不以人的意志转移的，是时代的要求，也是科学技术发展的要求。现在的问题或者说更重要的问题是，我们如何做好自然国学的复兴，并使之发扬光大，如何更好地吸取原子论、构造性、分析性的优长，铸造出具有21世纪时代气息的新自然国学。

① （英）李约瑟.《中国之科学与文明》（中译本）.第3册.第236页.台北：台湾商务印书馆.
② 孙关龙.《孙关龙百科全书论集》.第1卷《论综合性百科全书》.第161页.北京：中国大百科全书出版社.2006.

第三章

自然国学的形成

　　自然国学是中国传统学术文化的重要组成部分，其历程与中国传统学术文化的历程（见第一章第一节）既有相同之处，又有不完全相同之处，显示出自然国学的个性。自然国学萌芽很早，至少有六七千年，历经五个阶段：第一个阶段，为自然国学的萌芽和形成时期，相当于先秦时期、中国传统学术文化的巫学阶段和子学阶段；第二个阶段，为自然国学的发展时期，相当于秦朝至隋朝时期、中国传统学术文化的经学前期；第三个阶段，为自然国学的高峰时期，相当于唐宋元明时期、中国传统学术文化的经学中期；第四个阶段，为自然国学的衰微时期，相当于清初至20世纪末、中国传统学术文化的经学晚期和国学前期。第五个阶段，为自然国学的复兴时期，始于2001年，相当于中国学术文化的大国学时期。本章讲自然国学的形成，后四章每一阶段一章，分别论述自然国学的发展、高峰、衰微和复兴。

　　自然国学的形成，从距今六七千年至公元前221年，亦可称为先秦时期。该阶段可分为自然国学萌芽、自然国学形成两个时期。

第一节　自然国学的萌芽

　　按人类历史经历五次技术革命论观点[①]，如把人类第一次技术革命——石器制造，作为中国自然国学的最早萌芽，那么安徽繁昌人字洞发现的石器距今有200多万年；若以人类第二次技术革命——火的使用，

[①] 《中国大百科全书（第二版）》. 第11卷. 第95～96页（"技术革命"条）. 北京：中国大百科全书出版社. 2009.

作为中国自然国学的最早萌芽，那么北京周口店北京猿人遗址用火的遗迹距今已至少有50万年；如以人类第三次技术革命——农业出现，作为中国自然国学的最早萌芽，那么距今也有1.2万～1万年[①]。本书则以距今六七千年前中国文明开始出现之时，作为自然国学最早的萌芽时间。这个时期大致终结于公元前十二三世纪。在这个时期，中国独立发明的、支撑农业文明的五大技术——耕牧、建筑、纺织、造船、冶金，已始放异彩；天学、地学、算学、农学、医学——中国五大传统学问，已有萌芽。

一、耕牧技术

中国既是世界上农业革命发生最早的国家之一，又是世界上最大的农业起源中心。距今1.2万～1万年前在今湖南道县玉蟾岩遗址、江西万年县仙人洞遗址和吊桶环遗址、广东英德县牛栏仙人洞遗址、浙江浦阳县上山遗址，先后出土栽培稻遗存，充分说明我国南方是中国和世界栽培稻的起源地。河北武安县磁山遗址发现距今约1万年前驯化的黍；该遗址还出土距今8700～7500年的栽培粟，说明该地区是中国和世界栽培黍、粟的发源地。距今六七千年时，中国的农业生产在一些地区已脱离原始耕作，发展到耒耜翻耕土地的阶段；已掌握开沟引水与做田埂等排灌技术；已开挖有水井等；已有相当的生产规模[②]。如浙江余姚县河姆渡遗址发现大量人工栽培水稻谷粒和稻秆、稻叶的堆积层，最薄处超过30厘米，最厚处1米以上，面积400多平方米，折合稻谷10多吨，且有籼稻、粳稻之分；已饲养猪、狗、水牛等动物[③]。以后饲养羊、鸡、马，至距今4000年前，中国对六畜（猪、狗、牛、羊、鸡、马）都已驯化饲养。殷商前期，已出现纵横交错、相互贯通的农田灌溉系统，有干渠、

① 孙关龙.《中华文明史·科技史话》. 第11页. 北京：中国大百科全书出版社. 2010.
② 艾素珍、宋正海主编.《中国科学技术史·年表卷》. 北京：科学出版社. 2006.
③ 孙关龙.《中华文明史·科技史话》. 第12页. 北京：中国大百科全书出版社. 2010.

支渠、毛渠等；沟渠上宽下窄，两壁斜直；干渠与支渠之间有可放置挡板的设施等①。农业的形成和发展，保证了我们的远祖不用再过渔猎生活而各处游荡，从此转变为定居的农业生活；也让更多的人吃得稳定，并开始能够吃得好些，导致中国人口史上第一次人口大增长，也引发中国社会发展的第一次大转折，从采集渔猎社会转型为农业社会。

二、建筑技术

我们的远祖最早栖身于洞穴之中。随农业的发展逐步移居于平地，开始以草、木、土、石等天然材料建造住房。六七千年前，在今浙江余姚县河姆渡村所在的宁绍平原已出现成熟的木构建筑（中国古代建筑在世界上独树一帜，是以木结构为主体的独立体系，与西方的石结构体系迥然不同），建造有一系列的底层架空的"干栏式"房屋。且大量使用迄今中国发现最早的榫卯连接，把木料加工为桩、柱、梁、板，用燕尾榫、梁头榫、双凸榫等，包括后世常用的梁柱相交榫、水平十字搭交榫卯、横竖物件相交榫卯、平板相连的榫卯等均已运用②。西安半坡遗址位于河流Ⅱ级阶地之上，下距河流较近，饮水方便；又有一定高度，不易被一般洪水所淹没；周围地形平坦，土地湿润肥沃，易于耕作，出入方便；门多偏向南开，避风向阳；许多小房都以一间大房为中心分布，显示一定的规则；居住区、墓葬区、陶窑区有不同配置，反映出古人聚落规划思想的萌芽③，也说明半坡人选择居住地时对旱涝水情、风向光照等认识都已相当清楚。距今五六千年前，中国出现一批古城。如湖南澧县城头山古城遗址，建成后经过三次加修，增高增宽，把原来的城沟扩建为护城河（30～50米宽、约4米深），夯土城墙，有东、南、西、北4个

---

① 《新中国考古五十年》. 第101页. 北京：文物出版社. 1999.
② 陆敬严等. 《中国科学技术史·机械卷》. 第118页. 北京：科学出版社. 2000.
③ 唐锡仁等. 《中国科学技术史·地学卷》. 第38页. 北京：科学出版社. 2000.

城门，城址面积达75000平方米[①]。在公元前1900～前1600年，在河南偃师二里头遗址发现中国已有宫殿式建筑、庭院式建筑和用石板、鹅卵石铺砌而成的平整道路[②③]。

三、纺织技术

距今六七千年前，浙江余姚县河姆渡遗址中出土现知中国最早的腰机的各种零件，包括打纬骨机刀、骨梭形器、木制绞纱棒、经轴等。这是一种水平踞织机，固定经线的一端，另一端系在人的腰际，来回穿梭编织，织出较为稀疏的平纹麻布[④]。距今五六千年前，在苏州草鞋山遗址出土3块原料可能为葛的罗纹织物残片[⑤]。在山西夏县西阴村遗址出土切割过的半个桑蚕茧壳[⑥]。距今约5000年，在河南原阳县青台遗址出土平纹、罗纹丝织品[⑦]。距今约4700年，浙江吴兴县钱山漾遗址出土一段丝带和一小块绢片[⑧]，从织物的精细程度和长度看，当时缫丝织绸的能力已相当成熟。距今约3000年的青海都兰县诺木洪遗址出土的毛毯残片，从经密、绵密看当时毛织已有相当水平[⑨]。据《尚书·益稷》记载：舜时期，已用青、黄、赤、白、黑五色染衣。有学者认为，《尚书·禹贡》反映了夏代情况，当时夏代九州物产中有六州出现养蚕和丝织品[⑩]，反映当时蚕桑丝绸已有相当广泛的分布。

---

① 唐锡仁等．《中国科学技术史·地学卷》．第40页．北京：科学出版社．2000．
② 中国社会科学院考古研究所．《新中国考古发现研究》．北京：文物出版社．1988．
③ 唐锡仁等．《中国科学技术史·地学卷》．第63页．北京：科学出版社．2000．
④ 赵承译主编．《中国科学技术史·纺织卷》．第4、第187页．北京：科学出版社．2002．
⑤ 陈维稷．《中国纺织科学技术史》．第7页．北京：科学出版社．1984．
⑥ 李济．《西阴村史前的遗址》．清华大学研究院丛书．第三种．1927．
⑦ 朱新予．《中国丝绸史》．第4页．北京：纺织出版社．1992．
⑧ 浙江省文物管理委员会．《吴兴钱山漾遗址第一、第二次发掘报告》．载《考古学报》1960年第2期．
⑨ 中国科学院考古研究所青海队等．《青海都兰县诺木洪搭里他里哈遗址调查与试掘》．载《考古学报》1963年第1期．
⑩ 朱新予．《中国丝绸史》．第7～9页．北京：纺织出版社．1992．

四、造船技术

中国是世界上最早制造船舶的国家之一，早在旧石器晚期、新石器早期我们的远祖已使用独木舟。距今六七千年前，浙江余姚县河姆渡遗址出土残长63厘米的雕花木桨，做工相当精细；还出土一个仿独木舟的陶制品——舟形陶器[①]。距今3500年前的商初，出现被称为造船史上重大创举的木板船，标志中国的造船技术进入一个新的时期[②]。

五、冶金技术

中国为世界上利用铜最早的国家之一。迄今中国境内发现的最早金属铸造物是，陕西临潼姜寨遗址出土的半圆形铜片和铜管，均为黄铜（铜加锌而成）[③]。中国铸铜业以青铜（铜中加锡、铅而成）见长，与西方多为红铜或称砷铜（铜中加砷、锑而成）不同，且以冶炼水平高著称世界。

现知中国最早的青铜器是出土于甘肃东乡县林家遗址的青铜刀，刀长12.5厘米，保存相当完好，年代为公元前期3280～前2740年[④]。以后经历约1000年的铜石并用时代，该时代发现铜刀、铜凿、铜锥、铜斧、铜钻、铜匕、铜镜、铜饰、铜镞等，但石器仍占优势，铜则包括纯铜、黄铜、青铜等材质。约在公元前19世纪进入青铜时代，从此中国便从石器时代跨入金属器时代。其标志则是河南偃师县二里头遗址出土约200件青铜兵器、乐器和礼仪性饰品等，并发现已知中国最早的铸铜陶范，现知中国最早的青铜器作坊[⑤]。

---

① 吴玉贤．《从考古发现谈宁波地区原始居民的海上交通》．载《史前研究》1983年创刊号．

② 孙关龙．《中华文明史·科技史话》．第19页．北京：中国大百科全书出版社．2010．

③ 陆敬严等．《中国科学技术史·机械卷》．第171页．北京：科学出版社．2000．

④ 孙淑云、韩汝玢．《甘肃早期青铜器的发现与冶炼制作技术的研究》．载《文物》1997年第7期．

⑤ 陆敬严等．《中国科学技术史·机械卷》．第177页．北京：科学出版社．2000．

六、各门学问萌芽

在这个时期算学、天学、舆地学、农学、医学各门传统学问也都开始萌芽。

如距今7000年前的河北磁县下潘汪村等地出土的陶器图案，已相当均匀地把圆切割为2等份、4等份、8等份、16等份和80等份等；距今6000年前的西安半坡遗址出土的彩陶上，已绘有各种十分规则的直线图形，包括平行线、折线、三角形、菱形、长方形等，三角形又分为直角三角形、等腰三角形、等边三角形和任意三角形；在陶器上已具有多种记数符号：一（一）、X（五）、Ω（六）、十（七）、λ（八）、Ⅰ（十）、Ⅱ（二十）、Ⅲ（三十）等[①]。这些是否可说明，距今7000年～6000年前，我们的远祖已开始有十进位制思想的萌芽，已开始把握一些初级几何图形及其基本的概念。

如距今6000年前河南濮阳西水坡遗址先后发现一组蚌塑龙虎、北斗图案、一组蚌龙、蚌虎、蚌鸟、蚌麒麟图案。这既表明我们的远祖重视对北斗星的观测，又表明当时对北斗星的特殊位置已有所认识；后一组则是后世将天空划分为四象系统思想和图式的早期反映[②]。

如西安半坡遗址总面积达50000平方米，坐落在渭河的支流浐河阶地上。这里地势较高而平坦，土壤肥沃，适宜居住和农耕，即使浐河水位暴涨，也不会有什么危险。这些足以说明半坡人已具有相当的地理环境知识，才可能有上述正确的选择。距今6300～4500年的山东莒县陵阳河遗址出土的陶器上有一些图像文字，其中一个由太阳、云气与五峰山冈组成[③]，说明当时人们对地理现象已有一定的观察、认识及用图形表示的能力。

① 李迪．《中国数学史简编》．第14～18页．沈阳：辽宁人民出版社．1984．

② 濮阳市文管会等．《河南濮阳西水坡遗址发掘简报》．载《文物》1988年第3期．

③ 中国科学院自然科学史研究所地学史组主编．《中国古代地理学史》．第2页．北京：科学出版社．1984．

如距今约6000年的连云港锦屏山马耳峰将军崖发现石刻岩画遗址，画面上有日月、星云、兽面、人面、农作物等图案，主要反映农耕生产及祈求丰年等活动[①]。距今5000多年苏州草鞋山遗址发现44块水稻田及其排水、蓄水和灌溉用的水沟6条、水井10口、水塘2个，这是中国发现的较早的水稻田和水稻种植灌溉系统遗迹[②]。

如山东广饶县富博遗址发现5000多年前已成功地进行了开颅手术[③]。青海民和县阳山遗址出土一个距今4000年因骨折等原因导致头骨颅内发炎，而成功实施开颅手术的成年男子[④]。

第二节　自然国学的形成

公元前十二三世纪起，中国传统科学技术有一个跃进式的发展，至公元前3世纪战国末期，这千年是中国传统文化的"原典时代"、"能动时代"、"轴心时代"，也是中国传统科学技术奠基时代、自然国学形成时代。

一、诸子百家都重视自然国学

在诸子百家中，墨家对自然国学的贡献最大。《墨经》对宇宙时空作了相当集中和深入的探讨，指出时间的一维性、连续性、顺序性，空间的多维性、连续性，以及时空的统一性等；从点、线、面、体等几何要素，小孔成像等大量实验，杠杆、滑轮、斜面、轮子等机械的运动

[①] 李洪甫．《将军崖岩画遗迹的初步探索》．载《文物》1981年第7期．
[②] 谷建祥等．《对草鞋山遗址马家浜文化时期稻作农业的初步认识》．载《东南文化》1998年第3期．
[③] 罗桂环、汪子春主编．《中国科学技术史·生物学卷》．第43页．北京：科学出版社．2005．
[④] 韩康信、陈星灿．《考古发现的中国古代开颅术证据》．载《考古》1999年第7期．

中，探讨原理，给出数学、光学、力学等方面一系列的概念和定义，不但使先秦自然国学上了一个台阶，而且使先秦自然国学带上了理论的色彩。《墨经》叙述了墨家科学观和方法论，关于数学和逻辑学，以及光学、力学等自然科学的一系列重要思想和实验、实践，被誉为先秦科学思想的百科全书。

在诸子百家中最亲近自然的是道家。崇尚自然，是道家科学思想的前提；效法自然，是道家科学思想的核心。他们以自然为尺度评价一切事物、学说，把人看成是自然界的一部分，号召人类回到自然中去，回归天然质朴的世界中去。他们认为自然界一切都是变化的，都要经历由生至死、由成至毁的过程。而且，这种变化是自然界的"自化"，不是来自其他事物，在这里见不到西方曾经长期流行的"神创论"的半点影子。他们进而把自然界的运动看成是不断走向反面的过程（"反者道之动"）。他们的宇宙生成观是一种演化论，"道生一，一生二，二生三，三生万物，万物负阴而抱阳，冲气以为和"。《庄子·至乐》篇论述了多个物种之间的相互转变，指出了生物变异的链条，而且天才地把人类放在这个链条的最高位置。胡适称《至乐》篇的叙述具有进化论思想，李约瑟在《中国科学技术史》中称赞它是"非常接近进化的论述"，还说："我们怀疑，这些古老的道家思想是否曾被那些写进化论史的学者考虑过。"[①]

名家与墨家、道家同被公认为中国古代与科学思想关系十分密切的学派。代表人物惠施被称为自然哲学家，其"历物十事"探讨了时间与空间，物质的结构、运动与演化，世界的同一性和多样性，以及宇宙观等一系列问题；提出"天地一体"、"天与地卑，山与泽平"，否定天圆地方说；提出"至大无外"，主张宇宙空间的无限性（《庄子·

---

① （英）李约瑟．《中国科学技术史》．第2卷．第88~90页．北京、上海：科学出版社、上海古籍出版社．1990．

天下》）。另一位代表人物公孙龙，撰有《白马论》《坚白论》《名实论》《指物论》《通变论》等著述；每篇都有丰富的科学知识和科学思想；提出"一尺之捶，日取其半，万世不竭"的名言（《庄子·天下》），表达了物质无限可分的思想。

法家以耕战为准则的价值观，必然强调要认识自然，探究天地的奥秘，思考天人的关系，勤于治水、治山，讲究器具和机械。如在魏国实施改革的李悝，推行法治；提出发展农业经济的"尽地力之教"；主张废除世禄，提倡耕作，奖励开荒，以尽地力；储粮备荒，实行平粜，以富国家（《汉书·食货志》上）。李悝的《法经》一书中有大量减法、乘法、除法的运算。《韩非子·解老》提出："短长、大小、方圆、坚脆、轻重、白黑之谓理，理定而物易割也。"把"理"看成是反映事物具体属性的规律，"理定"物易割也，无论是大小、短长、坚脆、轻重都可按规律办事。

兵家，无论是兵形势学派、兵阴阳学派，还是兵权谋学派、兵技巧学派，都认为军事打仗不仅需要依靠人的主观能动性，还需要研究地形、地物、气候、水文，讲究器具、兵器，选择最佳时间等。因此，《孙子兵法》中专门设有《地形》《九地》等篇，其余各篇亦大都说明地利（指军事上有利的地理环境）。据《汉书·艺文志》记载，《孙子兵法》原附有地图9卷，《孙膑兵法》原附有地图4卷。

阴阳家创始人邹衍，汇通公元前11世纪殷周之际的"阴阳"、公元前8世纪西周末产生的"气"、公元前5世纪前的原始"五行"概念，提出五行学说，推动了中国古代科学技术的发展，尤其对农学、生物、医药、气象、天人关系等领域的学术发展有推动作用。邹衍还提出"大九洲"观，认为大地有九大洲、八十一小洲，它们为海水环绕，中国"乃八十一分居其一分"。"大九洲"观突破了当时人们的地域观念，其对大地的设想更具合理性。

过去一直被批判为鄙视科学技术的儒家是否重视自然国学呢？我

们经过研究，可以有把握地说：先秦儒学并不鄙视科学技术，他们是非常重视自然国学的。以孔子为例，①他是中国提倡学习自然知识的第一人，倡导读《诗经》要"多识于鸟兽草木之名"（《论语·阳货》篇），这个提倡2000多年来未引起人们足够的重视①。②他是中国第一个系统记载自然灾异的人，在他整理修订的中国第一部编年体史书《春秋》中，记载天象、地象、气象、植物象、动物象、人体象六个方面灾异约150次，包括日食37次，大旱30次，大水9次，虫害15次，山崩2次，地震5次，大疫4次，大饥5次等资料②。以后，中国的史书、志书记录自然界的灾异现象的传统，均源自孔子的《春秋》。③他在《易传·系辞》中，融汇《易经》的阴阳、《尚书》的五行、《道德经》的道论和气说，系统提出"太极——两仪——四象——八卦——六十四卦——万物"的宇宙演化模式。④他最早提出"利器善事"观，发表名言"工欲善其事，必先利其器"（《论语·卫灵公》）。⑤他最早提倡科学饮食观，提出包括"食不厌精，脍不厌细"等13条原则（《论语·乡党》）。⑥他教导学生的六艺（礼、乐、射、御、书、数）中，至少"射"、"御"、"数"是属于科学技术，即他教书的课程中至少有一半属于自然国学范围。他自己不但会射箭、驾驭马车，而且技术相当高超，以至于能射飞鸟，63岁时还亲自为弟子驾驭马车。⑦他喜欢山水，经常带领学生去爬山游水；登上泰山，感慨"一览众山小"；走到汶水旁，看着河水滚滚东流，由衷地赞叹"逝者如斯夫！不舍昼夜"（《论语·子罕》），一再强调，"智者乐水，仁者乐山"（《论语·雍也》）。⑧他一生不语"怪、力、乱、神"（《论语·述而》），也"罕言利与命"（《论语·子罕》），提出"未能事人，焉能事鬼"、"未知生，焉知死"（《论语·先进》），

---

① 孙关龙．《〈诗经〉草木虫鸟研究回顾——兼论〈诗经〉草木虫鸟文化科学观》．载《学习与探索》2000年第1期．

② 孙关龙．《春秋灾异考——兼论〈春秋〉的基本内容与作者》．载《东洋社会思想》(韩国)第19卷2009年5月．

指出人们应该"敬鬼神而远之"（《论语·雍也》），坚信"四时行焉，百物生焉，天何言哉"（《论语·阳货》）的自然观，等等。可见，孔子在重视人文国学的同时，是非常重视自然国学的。孟子、荀子都继承并发扬了孔子重视自然国学的传统，（见第四章第一节）。

再从先秦儒学的经典看：①经书之首的《周易》。其核心要素"八卦"，指的是八种自然物质和现象：天、地、雷、风、水、火、山、泽。贯穿全书的模式是，太极→两仪→四象→八卦→六十四卦→万物的宇宙演化模式，这是一个以自然发生为序的本体论的、生成论的演化体系。②经书之一的《诗经》。它记载动植物知识250种上下，凡植物或冠以"草"字头或冠以"木"字旁，而且前者均为草本植物，后者均为木本植物；凡动物，冠以"虫"字旁的均为无脊椎动物，冠以"鱼"字旁的都为水生动物（多为鱼类动物），冠以"鸟"字旁的全均为鸟类动物，冠以"豸"或"犭"字旁的全为哺乳动物。记述地形地貌山、岗、丘、陵、原、洲、渚等，至少有30多种。记载风、雨、雪、雹、雾、露、霾、雷、虹、闪电等气候现象，亦有30多种。记录的天文历法知识和农业知识是大量的，其中《豳风·七月》篇被誉为"十二月诗"篇、数字化诗篇，讲述一年十二个月的物候和农事，是中国和世界现知最早的物候专篇。涉及化学知识的诗句有600余句，其中"酒"字出现62次之多。亦载有大量的数学知识，仅一至十、百、千，到万、亿、秭，共出现419次。因此，人们称《诗经》为上古时代的百科全书[1][2]。③经书之一的《尔雅》。它集先秦自然国学之大成，在19篇中自然国学的内容有15篇之多，而且第一次对自然国学进行了系统分类：从天到地（《释天》《释地》篇）；进而丘陵、山地（《释丘》《释山》篇），然后到水体（《释水》篇），为无机界；再后，由无机界进入有机界，有机界

---

① 孙关龙. 《〈诗经〉草木虫鸟研究回顾——兼论〈诗经〉草木虫鸟文化科学观》. 载《学习与探索》2000年第1期.
② 孙关龙. 《〈诗经〉中的数字》. 载《太原师范学院学报》2008年第2期.

先植物后动物，植物由草本植物（《释草》篇）到木本植物（《释木》篇）；动物从无脊椎动物（《释虫》篇）开始，进入脊椎动物；脊椎动物则从鱼类（《释鱼》篇）开始，再到鸟类动物（《释鸟》篇）、哺乳动物（《释兽》篇）。以后，进入人类社会，出现饲养动物（《释畜》篇），出现房屋、桥梁、宫殿（《释宫》篇），出现各种器具（《释器》篇），出现音乐和乐器（《释乐》篇）。这是一个富有逻辑性、哲理性的体系，是一个以自然发展为序的本体论、生成论体系。而且，它是现存中国和世界最早的科学分类著述[①]。④经书之一、"四书"之首的《论语》。它是一部专门探讨社会政治、人生伦理的著述，包涵极为丰富的自然国学知识。据笔者统计：涉及天象知识在16篇中出现45次，地象知识在14篇中出现41次，生物象知识在26篇中出现91次，农业知识在14篇中出现60次，食品和饮食知识在16篇中出现107次，服饰及相关知识在10篇中出现59次，疫病和医学保健知识在9篇中出现36次，器械知识在16篇中出现71次，建筑知识在12篇中出现53次，度量衡知识在4篇中出现9次，共出现有关自然国学知识572次[②]。⑤"四书"之一的《大学》。它是专论政治修养的，然而也强调要以自然知识为基础。它指出的政治修养有八个要点：格物、致知、诚意、正心、修身、齐家、治国、平天下。第一、第二点为自然，是基础；第三、第四、第五点为人事：第六、第七、第八点为政事。即只有尊重自然，认识自然，按自然本性和规律办事，才有可能做到诚意、正心、修身，进而才有可能实现齐家、治国、平天下[③]。可见，先秦儒学对自然国学的重视。

以上说明，诸子百家几乎都以自然为基础，由此演绎出人事、政事；其核心几乎都是探讨"天地人"关系，且不约而同地主张"天人合一"。

---

① 孙关龙．《世界现知最早的科学分类著作——〈尔雅〉》．载《澳门研究》2007年4月（第39卷）．

② 孙关龙．《重读〈论语〉，重识孔子》．载《科学》2005年第5期．

③ 孙关龙．《论先秦自然国学》．载《学习与探索》2004年第6期．

二、《周易》和五大技术大发展为自然国学奠基

《周易》以"易"（即"变"）为宗旨，以"生生不已"的自然观为纲，提出了"太极→两仪→四象→八卦→六十四卦→万物"的宇宙演化模式。认为宇宙最原始的是太极，或说混沌的元气；元气或太极运动、分化，生成阴、阳二气，形成天地，即模式中的两仪；阴、阳二气相摩相荡，或说天地运动，分化生成春、夏、秋、冬，为模式中的四象；四时运行，形成自然界的八种物质（现象），即天、地、雷、风、水、火、山、泽，对应生成乾、坤、震、巽、坎、离、艮、兑八卦；八种基本物质运动、分化、组合，演化生六十四种物质（现象），对应形成六十四卦；六十四种物质运动、分化，演生出万物。这个模式，成为中国哲学的基石，也是中国科学思想的基石，即它不但是人文国学的基石，也是自然国学的基石。

在自然国学萌芽时期支撑农业文明的耕牧、建筑、纺织、造船、冶金五大技术，在这个时期都实现了跨越式的发展。

1.冶金方面。首先，青铜器进入鼎盛阶段（后商、西周时期），铸造出鼎高1.33米、横长1.10米、宽0.76米，重达875千克的司母戊鼎，成为世界级铸造珍品。接着，进入铁器时代（春秋战国时期），陆续发明生铁铸造技术、表面铸嵌技术、铁铸脱碳技术、青铜焊接技术、炼钢技术、失蜡法铸造，以及错金工艺、错银工艺、鎏金工艺等一系列领先于世界或在世界上处于先进水平的技术和工艺。

2.耕牧技术方面。发明轮作制、复种制；开创选种、育种工作；创造专门种植蔬菜、水果的园圃；开创池沼养鱼；畜牧业大发展，仅马以毛色分类即达16种之多，涌现了一批畜牧专家，包括选育千里马的伯乐；发明牛耕，精耕细作技术开始形成。

3.建筑技术方面。发明瓦、砖和琉璃建筑制品；发明斗拱，创造房顶拱壳结构等，开创园林建筑和四合院建筑之先声；在《考工记》中

形成三朝（外朝、内朝、常朝）、三门（皋门、应门、路门）和具有中轴线的宫殿建筑模式；出土中国最早的建筑平面规划图——《兆域图》等，形成独特的中国建筑体系（世界两大建筑体系之一）。

4.造船技术方面。在公元前12世纪后期、前11世纪前期，首次创建以船搭建的浮桥；创制战船，吴国当时组建的舟师（水兵部队）有大翼、小翼、突冒、桥船等各种战船，公元前549年中国历史上发生第一次水战——楚国舟师进攻吴国，公元前485年中国历史上发生第一次海战——吴国海上奔袭齐国；创制帆船、游艇、海上航行的大船等；在公元6世纪末，吴国出现了"船宫"（《越绝书·吴地传第三》），即修造船舶的工场。

5.纺织技术方面。周代蚕桑已遍及郑、卫、鄘、魏、曹、邶、鲁、唐、秦、豳等地（相当于今河南、河北、山东、山西、陕西、甘肃东部和南部），已有绫、罗、纨、纱、绉、绮、帛、绸、绣、锦等丝织品种，已出现纶（丝纽）、绒（丝扣）、缡（丝巾）、缟（丝绢）、缕（丝带一种）、缗（一种丝绳）等。当时即在西汉张骞开拓陆上丝绸之路之前，中国的丝和丝织品已扬名海外，因此古希腊人称中国为"塞里斯"（Seres，意为"丝国"）。

三、各门学问奠基形成

中国传统的天学、地学、算学、农学、医学等学问，在铁器、牛耕促成的新生产力的推动下，耕牧、建筑、纺织、舟车、冶金等技术的促进下，几乎都在此时期奠基形成。这也标志自然国学在先秦末期即战国时期形成。

1.算学。3000多年前的殷商甲骨文中，已有一、十、百、千、万等专门数字，最大数为三万，这说明当时已有十进位值制。3000年前的周初，已发现勾三、股四、径五的勾股定理[1]。最迟至春秋时期已发明并

---

[1] 郭书春.《中国古代数学》. 第3、83页. 北京：商务印书馆. 1997.

掌握计算工具——算筹。春秋战国时期已能表示负数、小数、分数、二次方程、线性方程组等；已熟练运用九九乘法、整数四则运算；创造了《算数书》《九章算术》的主体部分[①②]；《墨经》在世界上最先提出圆、线、面、端（点）等数学概念及其定义[③]。尤其是当时世界上最先进的记数法——十进位值制，当时世界上最优越的计算工具——算筹，这两大创造发明奠定了中国传统算学的基础；《算数书》《九章算术》主体部分的创造，标志着中国传统算学的形成。

2. 天学。3000多年前的甲骨文中，已有日食、月食、新星等记录；已有完整的六十干支表，用干支法记日，且一直延续至今[④]。西周是天学大发展时代，先后出现初吉、既生霸、既望、既死霸等系列月相记录；又在《诗经·小雅·十月》中出现"朔"字——中国历法阴阳合历的关键字。春秋战国是中国天学从观察发展到量化研究的阶段，《春秋》一书系统记载37次日食（现证实至少有33次是正确的），还在中国第一次记载流星雨、陨石、哈雷彗星，自此开创中国传统天学的第一个特色，即二十四史等史学著作中系统全面地记载天象的异常现象[⑤]；齐国人甘德著《天文星占》8卷、魏国人石申著《天文》8卷，此两书是中国亦是世界上最早的天文学著作；《逸周书·时训解》首次完整记载二十四节气和七十二候；《周礼》已有二十八宿和十二星次的划分；《左传》有四分历记载。春秋时，采取19年加7个闰年的方法，为四分历打下基础。四分历是阴阳合历，二十四节气分十二节、十二气，为中国历法的阳历成分；"朔"是阴历成分。当时一年长度采用365又1/4天，用闰月调节[⑥]，

① 郭书春. 《〈算数书〉校勘》. 载《中国科技史料》2001年(第22卷)第3期.
② 郭书春汇校. 《九章算术》. 沈阳：辽宁教育出版社. 1990.
③ 钱宝琮. 《中国数学史》. 第17页. 北京：科学出版社. 1992.
④ 张培瑜. 《甲骨文日月食与商王武丁的年代》. 载《文物》1999年第3期.
⑤ 孙关龙. 《春秋灾异考——兼论〈春秋〉的基本内容与作者》. 载《东洋社会思想》(韩国)第19卷(2009年5月).
⑥ 陈美东. 《鲁国历谱与春秋西周历法》. 载《自然科学史研究》2000年第1期.

是当时世界上最先进、最精确的历法，比欧洲于公元前46年颁行的365又1/4天的儒略历要早五六百年[1]。此种阴阳合历的历法一直沿用到20世纪初。这是中国历法的一大特点，也是中国传统天学的又一个特色。再，中国传统天学的另一个特色是普遍使用圭表测影，而西方基本不用。中国传统天学的这些特色，都是在先秦时代奠定的。

　　3.地学（即舆地学）。3000多年前的甲骨文中，已有大量水文、气象方面的记录：有小雨、大雨、急雨等降水和"大风"、"小风"、"大风向北"等风向和强度的记录[2]；有文丁六年（公元前1217年）3月20～29日连续十天的天气记录[3]。公元前10世纪，周穆王率队西游中亚，行程数千千米，它是中国有文字记录的最早的探险活动，记录这次活动的《穆天子传》是中国最早的游记[4]。周代已认识到地壳变动形成新的不同地形，"山冢崒崩，高岸为谷，深谷为陵"（《诗经·小雅·十月之交》）。春秋战国出现一系列舆地著作：现有中国最早的物候著作《夏小正》，最早的山地著作《山经》（《山海经》的主体部分），最早的区域地理专篇《尚书·禹贡》，最早的综合自然地理专篇《管子·地员》，最早的地图专篇《管子·地图》，现知最早的地图《兆域图》、《放马滩地图》等。如《管子·地员》篇，仅2222字，十分系统地把土地分为5个大类90个小类，成为中国和世界上最早的土地分类系统；提出中国和世界古代最详细的丘陵分类方案，按从低至高的原则分为14种类型；把全国土壤分为3个大类18个类别90种；还记载中国和世界上最早的山地植物垂直分布和微地形自然景观水平地带性分布等。它不但是中国和世界上最早的土地分类专著、土壤地理著作，还是中国和世界上第一部综合自然地理著作。在综合自然地理著述方面，以后"2000多年的中

---

① 孙关龙．《周文化》．载《黄河文化》．第218～219页．北京：华艺出版社．1994.
② 陈梦家．《殷虚与辞综述》．第7章第5节．北京：科学出版社．1965.
③ 董作宾．《殷文丁时卜辞中一旬间之气象记录》．载《气象学报》1943年(第17卷)第1～4合期.
④ 王成组．《中国地理学史》(上)．第86页．北京：商务印书馆．1982.

国古代地理学中没有一个人和一部著作能超越《管子·地员》篇的"①。所有这些表明,中国舆地学在先秦时期业已形成。

4.农学。3000多年前的甲骨文中,已有圃、囿等字,表明蔬菜作物、果类作物的园圃农业已经开始;出现马、牛、羊、鸡、犬、豕等字,说明当时"六畜"已经俱全②;形成牢、宰、豕、厩等字,可见家畜已有舍饲③。《诗经》一书中,周代至少有粮食作物黍、秬、秠、穈、苞、粟、来(小麦)、牟(大麦)、菽(大豆)、稻、秫、麻苴等10多种,有蔬菜作物行菜(杏菜)、荼(苦苣菜)、葵(冬葵)、芹(水芹)等10多种,有果类作物李、梅、枣、栗、苌楚(猕猴桃)等10多种,有衣料作物葛、纻、茹藘(茜草)、大麻等④。春秋战国时代进入铁器时代,加之牛耕出现,精耕细作技术形成,使中国农业生产力上了一个新台阶。同时,形成一个学派——农家,成为诸子百家中一家,著有《神农》《野老》等9种农家著作(《汉书·艺文志》)。然而,它们先后失佚,今仅剩《吕氏春秋》中的《上农》、《任地》、《辨土》、《审时》四篇。

5.医学(即中医学)。3000多年前的甲骨文中,记有商代已出现"疾首"、"疾口"、"疾齿"、"疾身"、"疾足"、"疾暗"、"风病"、"龋齿"等一系列疾病,知道有传染病、寄生虫病等,并提到洗脸、洗手、洗澡等卫生习惯⑤。周代医学已分为食医、疾医、疡医、兽医四类;兽医又有内科、外科之分;当时医政由"医师"总管,下配"上士二人,下士四人,府二人,史二人,徒二十人";而且已

① 林超.《中国古代土地分类思想——对<管子·地员>篇的研究》.载《第三届中国科学史讨论会议论文集》.北京:科学出版社.1990.
② 中国科学院考古研究所.《甲骨文编》.第32、176、181、276、388、397、405页.北京:中华书局.1965.
③ 陈梦家.《殷墟卜辞综述》.第536、556页.北京:科学出版社.1965.
④ 孙关龙.《周文化》.载《黄河文化》.第218~219页.北京:华艺出版社.1994.
⑤ 《中国大百科全书(第二版)》.第29卷.第245~247页("中国医史"条).北京:中国大百科全书出版社.2009.

有医绩考核，每年的年终统计每位医师治愈人数、死亡人数，并给予奖罚（《周礼•天官•冢宰》）。春秋时名医医和已指出"天有六气（阴、阳、风、雨、晦、明）"、"淫生六疾"，已认识到外界环境对人体健康的影响（《左传•昭公元年》）；名医扁鹊已使用针灸法、五色诊病法、脉象法等，提出"六不治"，包括"信巫不信医不治"（《史记•扁鹊传》）。基本内容成于战国时期的《黄帝内经》，是中医最经典的著作，为中国传统医学的奠基之作。全书18卷、162篇，由《素问》和《灵枢》（各9卷、81篇）组成，它"全面而突出地反映了当时的医学内容已趋于系统、成熟"，"能以朴素的唯物主义观点和较为科学的逻辑思维阐析各类医学问题"；它将"阴阳五行学说贯穿于全书"，"不仅认为阴阳之间的对立、互根、消长运动是宇宙间的基本规律，而且提出了诊治疾病必须以阴阳为本的观点"；它不仅按五行属性，"将人体脏腑器官及其功能、活动与天地四时紧密联系起来，并且还运用五行学说中的生、克、乘、侮理论来说明人体五脏间的相互关系"，进而"解释病机、预测传变、判断预后、确立治则"。它所论述的"摄生（养生、预防）、阴阳、脏象（脏腑之生理、病理反映，包括五脏六腑、奇恒之腑之功能）、经络（十二经、奇经八脉）、论治（包括治则和治法，治法如针、砭、灸、汤药、药酒、按摩、气功、温熨及贴药等方法）、药性理论、运气学说……不仅奠定了中医学理论基础，对后世临床医学的发展也起到了关键的作用"①。

6.春秋时期手工艺专著《考工记》的问世，把中国手工业技术、工艺上升到了规范化的水平。《考工记》是中国和世界上现存最早的科学技术文献，阐述的不是一般的技术工艺经验，而是木工、金工、皮革工、染色工、玉工、陶工六个大类三十个工种的设计规范标准和制造工

① 《中国大百科全书（第二版）》.第16卷.第481～482页；第10卷.第267页（"《内经》"、"《黄帝内经》"条）.北京：中国大百科全书出版社.2009.

艺规范标准，包括车辆、冶金、兵器、乐器、酒器、玉器、量器、陶器、皮革、练丝、染色、建筑、水利、农业等门类和方面的生产设计规范标准、制作工艺规范标准①。而且，它比后世绝大多数技术著作都重视技术的自然观，重视从仪器和实验中抽出理论。这标志中国手工业技术、工艺也成了一门学问。

由上可见，贯穿于中国数千年自然国学的最基本的理论及其模式（元气→阴阳五行→万物），形成于先秦时期；天学、地学、算学、农学、医学以及技艺学问等均先后形成于先秦时期，并初步构成为一个较为系统的自然国学体系。

---

① 孙关龙.《中华文明史·科技史话》. 第23页. 北京：中国大百科全书出版社. 2010.

第四章

自然国学的发展

历史的车轮进入秦汉时期，自然国学经历了一次大的挫折，造成自然国学史的一次大断裂。以后，自然国学历经曲折的发展至隋末。其间，成就了《黄帝内经》《九章算术》《齐民要术》《水经注》《伤寒杂病论》等一批科技名著，涌现了张衡、张仲景、刘徽、祖冲之、贾思勰、葛洪、郦道元等一批科学精英。

第一节 一次大的断裂

秦汉时期，自然国学与整个国学一样，曾经遭受两次大的摧残，一是秦代的焚书坑儒，二是汉代的独尊儒术。在第一章第一节中我们讲了，根据已有资料史学界所取得的一致认识，秦始皇焚烧的书籍中没有自然、科技类书籍，故焚书坑儒严重摧残了国学和儒学，但对自然国学而言所受冲击和摧残相对没有那么严重。从《汉书·艺文志》等一系列的记载中我们得悉，独尊儒术对先秦诸子和国学的摧残远甚于焚书坑儒，对自然国学则更是如此。

董仲舒在独尊儒术的旗帜下提出罢黜百家，汉武帝采纳这一主张，从此"罢黜百家，独尊儒术"成为了国策。以后2000多年间，一方面是儒学独行（时有道学、佛学流行），学术上的百家争鸣成为一去不复返的历史；另一方面，董仲舒以一整套神学观念，把先秦活生生的学术儒学改造成为专制皇朝所需要的政治儒学，乃至提出"三纲五常"，造成了自然国学史上的一次大断裂，极大地阻碍和抑制了中国自然国学的发展。其对自然国学的摧残表现如下：

1. 从先秦诸子百家蜕变为两汉及以后的儒学一家，导致先秦诸子百家的自然国学后继无续。西汉及以后，基本上是儒家独尊，道学时有兴盛，佛学传入后亦有兴盛，其他各家不是奄奄一息便是成为绝学。第三章第二节已经较为详细地阐述了先秦诸子百家都很重视或比较重视自然国学，取得一系列的成果，其中不少是属于世界领先水平的科技成果。两汉及以后，儒、道两家以外各家的自然国学全被窒息；最为典型的是先秦自然国学中的瑰宝——墨学，在西汉时期突然湮没，从战国时期的显学直落为绝学，直到2000多年的20世纪才被人们重新挖掘出来，重现其重大的学术价值和地位[1]。

2. 造成先秦自然国学的资料大量散失。例如，自然国学知识最为丰富的道家，在西汉及以后文献大量佚失：道家主要学派有老庄之学、黄老之学、稷下道学等，黄老之学中又有楚黄老之学、齐黄老之学、秦黄老之学，汉独兴齐黄老之学，魏晋复兴老庄之学，其他学派的资料很少流传下来。道家文献中，《庄子》有54篇（据《汉书·艺文志》，下同），现仅存33篇；《关尹子》有9篇，全佚；《列子》有8篇，全佚。又如，自然国学知识较为丰富的兵家文献更是大量流失，据《汉书·艺文志》记载在战国时期该学派分为四大流派：①兵权谋家派，有《孙子兵法》《孙膑兵法》《吴起》等13家259篇；②兵形势家派，有《楚兵法》《尉缭子》等11家92篇；③兵阴阳家派，有《太一兵法》《神农兵法》等16家249篇；④兵技巧家派，有《鲍子兵法》《伍子胥》等13家199篇。合计兵家在战国时期共有53家799篇，现仅剩《孙子兵法》（又名《吴孙子兵法》《孙武兵法》）等13篇，《孙膑兵法》（又名《齐孙子兵法》）16篇，《吴起》6篇，《尉缭子》（又名《尉缭》）24篇，共59篇，其他700多篇均已亡佚。其中，《孙子兵法》在《汉书·艺文志》中记载82篇，今本13篇（司马迁的《史记》亦记为13篇）[2]；《孙膑兵法》

① 唐剑峰.《墨子的哲学和科学》.北京：人民出版社.1981.
② （汉）司马迁.《史记·孙武吴起传》.

失传千年以上，《汉书·艺文志》中记为89篇，现出土仅16篇[①]；《吴起》在《汉书·艺文志》中记有48篇，现仅有6篇（一般认为是后人托作）；《尉缭子》在《汉书·艺文志》中记为31篇，现存24篇[②]。再如，自然国学知识较为丰富的阴阳家文献、纵横家文献几乎全部失传：据《汉书·艺文志》记录，战国时期阴阳家计有68家1000多篇，现仅见《邹子》《神农占》的辑本[③]，纵横家苏秦的《苏子》有31篇、张仪的《张子》有10篇，全佚。当然，战国时期纸张还没有发明，文字的载体是竹简、木牍、丝帛和青铜器，本身就不便于流传和保留。但汉代的"独尊儒术"和"罢黜百家"，加剧和加速了诸子百家文献，包括自然国学文献的失散和佚亡，则是无疑的，从而造成上述一系列文献的整体性失佚或大批量散佚。

3. 扼杀了先秦儒学爱好自然国学、探讨自然国学的热情和传统。董仲舒的"独尊儒术"不但扼杀了诸子百家的争鸣，也扼杀了儒学内部的争鸣；不但罢黜了除儒学以外的诸子百家，也罢黜了儒学内部中董仲舒不看好的流派和内容，包括自然国学。据《韩非子·显学》记载，战国时期儒学内有八个流派：子张之儒、子思之儒、颜氏之儒、孟氏之儒、仲良之儒、漆雕氏之儒、孙氏之儒、乐正之儒。可知，战国时期的儒学即先秦儒学内部也是各家争鸣、学派林立的。经过焚书坑儒的摧残和独尊儒术的影响，流传下来的仅有子思之儒、孟氏之儒、孙氏之儒三个流派，其中子思之儒和孟氏之儒又合称思孟学派，孙氏之儒即为荀子学派[④]。

---

① 《银雀山汉墓竹简·孙膑兵法》. 北京：文物出版社. 1985.

② 《中国大百科全书（第二版）》. 第23卷. 第241页. 北京：中国大百科全书出版社. 2009.

③ 袁运开主编. 《中国科学思想史》. 上卷. 第453页. 合肥：安徽科学技术出版社. 2000.

④ 孙关龙. 《论先秦自然国学——兼评中国自然国学史上的一次大断裂》. 载《学习与探讨》2004年第6期；载《自然国学——21世纪必将发扬光大的国学》. 第91～99页. 北京：学苑出版社. 2006.

中国传统文化的瑰宝

更为致命的是董仲舒篡改了先秦儒学，主要表现在两个方面：一是把学术儒学蜕变为政治儒学或说宗教儒学，一是扼杀了先秦儒学爱好自然国学、重视自然国学的热情和传统，第三章第二节我们讲述了孔子对自然国学的爱好和重视，实际上孟子、荀子等无不如此。

孟子自然国学的成就至少有以下几项：①继承孔子的"天何言哉"的思想，认为天是客观存在的，其运行规律是不以人的意志为转移，说"天不言，以行与事示之而已矣"，"莫之为而为者，天也"（《孟子·万章上》），"顺天者存，逆天者亡"（《孟子·离娄上》）。但他又认为人是可以识天的，进而掌握其规律的，故而孟子提出"尽心、知性、知天"的思想体系，说"尽其心者，知其性也；知其性，则知天矣"（《孟子·尽心上》）；"天之高也，星辰之远也，苟求其故，千岁之日至，可坐而致也"（《孟子·离娄下》），即说天高星远，只要掌握其规律（"其故"），千年之后的冬至日，都是坐在家里可以推算出来。可见，孟子对天文知识是相当的精通。19世纪中国著名天文学家、数学家李善兰在《谈天·序》中对2000多年前的孟子有这样的评价："古今谈天者莫善于子舆氏（即孟子）'苟求其故'一词"；当代一些科学史研究专家也认为孟子的"苟求其故"、"坐而致也"，是为当时和以后的人们提出了一个高瞻远瞩且富有胆略的科学研究纲领[1]。②对数学也相当精通，曾提出两个对中国后世影响巨大的数学原理：一是"权，然后知轻重"、"度，然后知长短"（《孟子·梁惠王上》）；二是"不以规矩，不能成方圆"（《孟子·离娄上》）。权，指权衡；度，指度量；规，为圆规；距，为曲尺。即说认识世界和事物，必须有规、矩等工具，必须进行实际的权衡和度量，离开了对世界和事物的实际权衡、度量，离开了规、矩等工具，什么事物也认识不了，什么事情也办不成，圆则不成圆，方则不成方。"工不信度"，则必然"城郭不完"（《孟子·离娄

---

① 袁运开主编.《中国科学思想史》. 上卷. 第232页. 合肥：安徽科学技术出版社. 2000.

上》）。孟子还擅长计算，他说过"今滕（国），绝长补短，将五十里也"（《孟子•滕文公上》），即把滕国不规则的多边形，绝长补短，成为一个较规则的平面几何图形，其长、宽约各为五十里。他针对当时不管商品的种类和质量，一律实行一个物价的主张，严肃指出："夫物之不齐，物之情也，或相倍蓰，或相什百，或相千万。"即正确地指出商品的种类、质量不同，反映在价格上必然千差万别，有的相差一至五倍，有的相差十至百倍，还有的相差千至万倍，如果不这样做，而实行"巨履小履同贾（价）"，则"恶能治国家"（《孟子•滕文公上》）。由上可见，孟子很善于把掌握的数学知识运用到社会实践中去。③探讨过雨的成因、光的运动，正确地指出"天油然作云，沛然下雨"（《孟子•梁惠王上》），已认识下雨是一种"天"的现象，由云的积聚变化而成；"日月有明，容光必照焉"（《孟子•尽心上》），认为日、月有光，而光是无孔不入、无地不照的。

荀子更为重视自然国学，著有《荀子•天论》，是已知先秦儒家中唯一撰有自然国学专篇的学者，亦是中国2000多年儒学史上罕有的著述自然国学专篇的学者。他在中国历史上第一个明确提出"天行有常"的规律说，第一个在先秦"天人合一"思想基础上，提出"天人相分"、"制天命而用之"（《荀子•天论》）的重要命题，即说在"天人合一"中人不能满足于被动地适应天的变化，应发挥主观能动性，去"制天命而用之"，主动地掌握天运行的规律，去适应、利用、造福人类；认为"气"是构成世间万物的本原，又指出"万物同宇而异体"（《荀子•富国》），如"冰，水为之，而寒于水"（《荀子•劝学》），"水火有气而无生，草木有生而无知，禽兽有知而无义，人有气、有生、有知，亦且有义，故最为天下贵也"（《荀子•王制》）。他对自然现象的观察，在前人描述、类推的基础上进入了分析、比较的层次，从而使中国自然国学的认识观出现一个飞跃。对农学，他有相当深刻、系统的论述；对技艺，亦有一系列真知灼见，如名句"青，取之于蓝，而青于蓝"

（《荀子·劝学》）等。

孔子—孟子—荀子为代表的先秦儒学，在数百年间形成了热爱自然、探索自然的风气，铸成为传统。当时，"多识于鸟兽草木之名"（《论语·阳货》），成为社会的风气，自然知识相当普及，诚如明清之际的学者顾炎武所曰："三代以上，人人皆知天文。七月流火，农夫之辞也。三星在天，妇人之语也。月离于毕，戍卒之作也。龙尾伏晨，儿童之谣也。"[1]即指出《诗经·豳风·七月》篇说，豳历七月（相当于今阳历9月）恒星"大火"向下流去，表示天气要凉了，这是农夫都知道的知识；《诗经·唐风·绸缪》篇说：每当秋冬季节黄昏之时，恒星"三星"（即参星或参宿星）高悬天空，是夫妻团圆的美好日子，这是妇人都知晓的知识；《诗经·小雅·渐渐之石》篇说，月亮经过毕宿恒星时，天就要下滂沱大雨，这是每一个士兵都掌握的知识[2]。先秦儒学这个热爱自然、探索自然现象的传统被董仲舒所扼杀，董氏在《春秋繁露》一书中也记有一些自然及其相关的科技知识，但是都蒙上了神学的色彩，纳入了他的"天人感应"、"天子受命于天"的谶纬之学中。从董氏以后的汉儒（经学家），再也见不到一个爱好自然、探索自然的学者。宋儒否定汉儒，其中一点是要光复先秦爱好自然、探索自然的传统，代表人物为张载、朱熹。整个社会至今2000多年，再也没有出现"人人皆知天文"的景象，而对"七月流火"、"三星在天"、"月离于毕"、"龙尾伏晨"等战国时代的妇幼知识，后世文人学士却"有问之而茫然不知者矣"[3]。

4. 先秦自然国学的许多先进的科学知识被湮没，乃至成为绝学。第三章已论述无论是天学、地学、算学、农学、中医学，在先秦时期业

---

① （明清之交）顾炎武. 《日知录》. 第30卷. 上海：商务印书馆. 1930.
② 孙光龙. 《〈诗经〉草木虫鸟研究回顾——兼论〈诗经〉草木虫鸟文化科学观》. 载《学习与探索》2000年第1期.
③ （明清之交）顾炎武. 《日知录》. 第30卷. 上海：商务印书馆. 1930.

已形成或基本形成，且居于世界先进水平，独尊儒术造成先秦自然国学一系列先进的科学知识和技术成果没有继承，更谈不上发展，不少成为绝学。例如，《墨经》中提出的一系列数学概念的定义及其数理逻辑，成为了绝学，以至中国的传统算学及其整个自然国学缺乏理论色彩，明显地偏向实用性的技术和理论；《考工记》和《墨经》中阐述的一系列力学理论被湮没千余年，直到宋代在张扬宋代儒学（经学史上称为宋学），批判并取代汉代儒学（经学史上称为汉学）的影响下，沈括的《梦溪笔谈》等书籍才有所继承，并有发展；《墨经》中大致奠定几何光学基础的八条论述，被湮没2000余年，直到20世纪40年代才被挖掘出来重现光芒①。

《管子·地图》篇是中国最早的地图专篇，亦是世界上最早的地图专篇，成于战国时期。篇中首先强调了地图的重要性，并论述所绘的地图要表示"名山、通谷、经川、陵陆、丘阜之所在，苴草、林木、蒲苇之所茂，道里之远近，城郭之大小，名邑、废邑、困殖之地"等，表明中国至迟在战国时代的地图已经具备比例尺、方位、距离等地图要素，对地形、地物的表示已经使用后来地图习用的形象符号和文字注记等方法②。然而，在独尊儒术之后中国古代2000多年再也没有出现第二篇地图专文③。而且，地图篇所述的科学制图理论和技术在西汉中后期开始失传，及至到了西晋，地图学家、制图六体的创立者裴秀（224～271）断言：先秦和秦汉时期的地图"不设分率"（分率指比例尺）、"不考准地望"（地望指方位）、"不备载名山大川"、而且"皆不精审，不可依据"、"不合事实，于义无取"④。裴秀的上述观点在中国地学界统治了1700多年，一直统治到20世纪70年代。1973年在湖南长沙马王堆

---

① 钱临照．《释墨经中光学诸条》．载《李石曾先生六十岁纪念论文集》（昆明版）．1942.
② 《中国大百科全书·地理学》卷．第176～177页．北京：中国大百科全书出版社．1990.
③ 孙关龙．《中国地理学史上的一次大断裂》．载《地球信息科学》第6卷(2004年)第4期.
④ 《晋书·裴秀传》.

汉墓中，出土了下葬于汉文帝十二年（公元前168年）精度极高的马王堆《地形图》《驻军图》，震惊世界。《地形图》全名为《西汉初期长沙国深平防区图》，经专家查证，此图不但地图的三大要素（比例尺、方位、距离）齐全，现代地形图的四大基本元素（山脉、水系、道路、居民点）齐备，而且非常精确，是一份实测地图，是截至21世纪初人们所知的中国和世界第一幅实测地图[1][2]。《驻军图》全名为《西汉初期长沙国深平地区东南部守备图》，是用红色、黑色、田青色三种颜色彩绘而成的地图，有比例尺、方位和距离，有山脉、水系、道路和居民点，并突出地表现了九支军队的驻地及其指挥中心，是截至2011年底人们所知的中国和世界上第一幅彩色军事地图[3][4]。1974～1978年，河北平山县中山王墓中发现一件埋葬于约公元前310年铜版地图《兆域图》，它有比例尺（约为五百分之一）、方位（上南下北）、距离等地图要素，是中国目前发现最早的地图，也是中国唯一一幅划刻在铜版上的实物地图[5]。以上说明，早在战国、秦、西汉前期，中国制作地图的水平已经相当高超，不是裴秀所说的"不设分率"、"不考准地望"、"不备载名山大川"、"皆不精审，不可依据"、"不合事实，于义无取"的"六不"地图，完全佐证了《管子·地图》篇等先秦文献对地图论述的正确性。在这里很自然地会提出这样一个问题，那么裴秀为什么断言先秦至秦汉、三国西晋时期的地图都是"六不"地图？裴秀作为地图学家，是

① 谭其骧.《两千一百多年前的一幅地图》. 载《马王堆汉墓研究》. 长沙：湖南人民出版社. 1979.
② 张修桂.《马王堆地形图测绘特点研究》. 载《中国古代地图集（战国——元）》. 第4～8页. 北京：文物出版社. 1990.
③ 詹立波.《马王堆三号墓出土的守备图探讨》. 载《马王堆汉墓研究》. 长沙：湖南人民出版社. 1979.
④ 傅举有.《马王堆汉墓出土的驻军图》. 载《中国古代地图集(战国——元)》. 第9～11页. 北京：文物出版社. 1990.
⑤ 孙仲明.《战国中山王墓兆域图及其表示方法的研究》. 载《中国古代地图集（战国——元）》. 第1～3页. 北京：文物出版社. 1990.

内行，不会说外行话；他又是西晋高官，官至司马（相当宰相），主管地图的收藏，看到的地图肯定不会很少。他之所以断言以前的地图都是"六不"地图，一是他没有看到、也不可能看到已经下葬的《兆域图》《马王堆地图》；二是他所见的地图确都是"六不"地图。这表明汉文帝之后，地图编制设分率(比例尺)、准望（方位）、道里（距离）的技术失传了，记载名山大川的地图、精审的地图也未能在裴秀面前出现，直到裴秀独立发明"制图六体"，才恢复并发展这套技术。故而，在中国地图学史上有一个自汉武帝至西晋裴秀共300多年的断裂，很明显这是"独尊儒术"的恶果。

5. 自然国学由先秦时的精粹地位到西汉及以后直落为附庸地位，乃至在人们视野中消失。先秦时期，自然国学与人文国学一样的重要，一样的辉煌，一样地居于精粹地位。然而，汉武帝实施"独尊儒术"后，自然国学受到重创，诸子百家的自然国学随百家的罢黜而无续；先秦儒家爱好自然国学的热情和探索自然国学的传统，被董氏们扼杀；先秦自然国学的资料，被大量散失；先秦自然国学中许多先进的科学技术，被湮没；先秦自然国学中一些光辉的核心思想，被篡改和歪曲……所有这一切，凸现了自然国学史上的一次大断裂。从此，自然国学直落为人文国学的附庸，乃至从人们的视野中消失，一讲国学只知有文、史、哲、经等人文社会内容，不知有天（学）、地（舆地学）、算（学）、农（学）、医（中医学）等自然、科技内容。

这个断裂和转向对中国的学术文化或说对自然国学的影响是巨大的。例如舆地学，在春秋战国时代取得了巨大的成果，无论在地形、气象、物候、水文、土壤和动植物地理等方面的知识都取得"辉煌"的成就。以著作而言，春秋战国时代是舆地学著作创立的时代：《夏小正》（内容反映夏朝的，书成于春秋战国时期），是中国和世界上现知最早的物候专著；《山经》（有反映远古时期的内容，书成于春秋战国时代），为中国第一部山岳地理著作；《尚书·禹贡》，是中国和世界最早的区域地理著述；《管子·地员》，既是中国和世界最早的土地分类、土壤分类专篇，又是中国和世界第一部综合自然地理著作；《管子·地图》，是中国和世界最早的地图专篇；《管子·度地》，是中国现存最早的水文专篇；《管子·地数》，是中国现知最早的资源地理篇；《孙子兵法·地形》，为中国最早的军事地理专篇；《穆天子传》，为中国已知的最古老的游记等。春秋战国时代，舆地学成了一个专门学问，且形成了考察自然、探索自然的传统。然而，在"独尊儒术"旗帜下，东汉班固的《汉书·地理志》完全扭转了先秦舆地学考察、探索自然的传统方向。其第一部分全录《尚书·禹贡》和《周礼·职方》全文，然后略缀数语，简述前代政治地理的沿革和发展；第三部分是转录刘向的《域分》和朱赣的《风俗》，记述汉代的一些经济地理、人文地理情况，对全国作了区域划分和分区概述，还记有南海各国简况和海上航线；第二部分是全志的核心，亦是全志最有价值的部分，记述了西汉末疆域政区设置的情况，包括全国103个郡（国）及其下辖的1587个县（侯国、邑、道）的建置、户口、经济、山川、物产、名胜和沿革等，成为中国第一部疆域政区志、沿革地理志。它开创了中国疆域地理志、沿革地理志的体例，影响极其深远。在以后22部正史中，设地理志的有14部，它们全都以《汉书·地理志》为范本写成；东汉以后大量的地方志书、隋唐及其以后的一系列地理总志，莫不以《汉书·地理志》为圭臬，成为疆域地理著述。从南朝陶弘景的《古今州郡记》，经宋代王应麟的《通鉴地理通释》、税安礼的《历代地理指掌图》，直到清代顾祖禹的《读史方舆纪要》、杨守敬的《历代舆地图》等中国沿革地理著作，莫不以《汉书·地理志》为其本原，且构成为舆地学的主干。《汉书·地理志》抛弃了先秦舆地学考察自然、探索自然的方向，把舆地学扭向了疆域地理、沿革地理，并使舆地学成为历史学和经学的附庸，形成了以史学地理、经学地理、沿革地理为主体的舆地学，忽视自然，包括忽视山川地形，致使中国舆地之学无法滋生、发展为近代地理学或近代地学①②。

又如，对教育内容的影响也是显著的。孔子时代教育的内容是六艺，六艺为礼（礼节）、乐（音乐）、射（射箭）、御（驾车）、书（文字）、数（算术）。六艺中自然国学的内容占有三艺（射、御、数），与人文国学内容（礼、乐、书）是平起平坐的，各占一半。然而，"独尊儒术"之后，学校教学内容从六艺变为六经：《诗》（《诗经》）、《书》（《尚书》）、《礼》（《周礼》）、《乐》（《乐经》）、《易》（《周易》）、《春秋》③，从此，古代学校教育内容没有了"射"、"御"、"数"等自然国学的内容，直到清末在西学东渐影响下，学校才开设格致之课（顺便说一下，过去批判封建社会的教育思想都说来自孔子，实际上从六艺课程演变为六经课程可知，封建社会的教育思想并没有很好继承孔子的教育思想）。

6. 极大地压制了中国学术界和中国人的创造性。董仲舒一方面提倡"天人感应"的神学目的论（"天人感应"是对"天人合一"的反动），它虚拟天的至高无上，认为宇宙间的一切，从自然至人类、社会的所有现象，都是遵照天的意志显现的，"天者万物之祖，万物非天不生"（《春秋繁露·顺命》）。天造万物则是为养活人，"天之生物也，以养人"（《春秋繁露·服制象》）。天按照它自身的形象塑造人，因此人的形体、精神、道德等都是天的复制品；春、夏、秋、冬四季变化是天的爱、严、乐、哀的表现等，这一套神学理论严重地"窒息人们对自然现象规律进行探索的任何生机"④。另一方面，董氏又鼓吹"独尊儒术"，形成一家独鸣、万家齐暗的僵化局面。甘露三年（公元前51年），汉宣帝在长安召集石渠阁会议，把"独尊儒术"推至极点，禁封

---

① 孙关龙．《重新认识先秦地理学的成就》．载《地球信息科学》第3卷（2001年）第2期．
② 孙关龙．《中国地理学史上的一次大断裂》．载《地球信息科学》第6卷(2004年)第4期．
③ （汉）司马迁．《史记·滑稽列传》．
④ 史仲文、胡晓林主编．《中国全史（百卷本）》．第6册．《中国秦汉科技史》．第155~156页．北京：人民出版社．1994．

了其他诸子百家、司马迁著作，刘氏皇室诸侯著的《淮南子》等亦一并在禁封之列，僵化的神学观进一步泛滥，谶纬思想更广泛地流行；东汉刘秀光武帝宣布"图谶于天下"（《后汉书·光武帝记》），把谶纬思想国教化；建初四年（公元79年）汉章帝召集白虎观会议，由会议记录整理而成的《白虎通义》成为谶纬国教化的法典。从此，中国人读书只能读经书，不能读他书；做学术只能注经、释经、疏经、补经，不允许超越经书之外做学问，更谈不上做学问时允许自由发挥、自由创造；即使经书讲的是错的，也不允许加以纠正。例如《尚书·禹贡》说"岷山导江"，即以发源岷山的岷江作为长江（春秋战国时称为"江"）的源头。实际上，秦汉时已经认识到"绳水（指金沙江）……东至僰道（今重庆宜宾）入江（长江）"[1]。但是，《尚书·禹贡》是经书，是不能更改的，故社会上、水利学界仍然奉行"岷山导江"的观点。明代学者徐霞客在《江源考》中，经过实地观察，敢于明确指明"推江源者，必当以金沙（江）为首"[2]，实属不易。然而，徐的正确结论不但得不到社会的承认，还受到指责和批评。清代著名学者胡谓说："岷山导江，经（指《尚书·禹贡》）有明文，其（指徐霞客）可以丽水（即金沙江）为正源乎，霞客不足道。"[3]

春秋战国时代是中国传统文化的"原典时代"、"能动时代"、"轴心时代"，是自然国学奠基时代，亦是中国5000年历史上思想最为解放的时代。秦汉及其以后2000多年间，再也没有出现思想如此自由、如此解放的时代，这是"焚书坑儒"，尤其是长期"独尊儒术"的恶果。

---

① （汉）班固．《汉书·地理志》．
② （明）徐霞客．《徐霞客游记·江源考》．
③ （清）胡谓．《禹贡锥指》．

第二节　在曲折中发展

秦汉、魏晋南北朝至隋朝，是中国封建社会上升时期，因此自然国学在此期间纵然遭受断裂之灾，依然能够在曲折中获得发展，且取得一系列宝贵成就。

一、学术背景

秦代短促，前后仅有16年（前221～前206年）。然而，其建立的中央集权制及其郡县制等，为以后2000多年封建统治奠定了政治制度基础；其统一货币、度量衡和文字等，亦被以后历代王朝所继承，对中国社会、经济、科学、文化的发展产生了不可磨灭的深远影响。过去在人们印象中以为秦代的科学文化微不足道，但是陕西兵马俑及其2000多年弹性不变的宝剑、涂铬的宝剑、紫色的颜料和超大超长超薄的青铜车盖等发现，告诉我们对秦代的科学文化和自然国学需要重新加以认识。

前汉（即西汉）经济繁荣，疆域广大，国力昌盛。在国学史、经学史上这是一个不可或缺的朝代，此时提出并确立"罢黜百家，独尊儒术"的方针；此时开始奠定封建伦理的核心——三纲五常；此时开创经学，并创立今文经学、古文经学学派。由于它距春秋战国时代不远，故而学术文化上还是有不少突出的成就，如文学上首创汉赋文学、乐府诗歌，史学上有司马迁的《史记》这部不朽的开创之作等。同时，在科学技术和自然国学方面亦取得一系列可喜的成果。

后汉（即东汉）前期，董仲舒的"天人感应"神学系统被变本加厉地典范化、宗教化，谶纬之说泛滥，以至于具有了能与经学平起平坐的学术地位。此时，涌现出扬雄（清人段玉裁曾考证"扬"应作"杨"）、桓谭、王充、张衡等一系列杰出人物，与谶纬说、感应说

"两轮相订"、"两刀相割"(《论衡·案书》),开展激烈争论。这就是中国历史上一场有名的反对天人感应、谶纬迷信学说的论争,极大地推动了学术文化和自然国学的发展。

魏晋南北朝至隋400年间(公元220~618年),除西晋和隋短暂的统一安定外,约300年的战乱使全国大分裂、经济大倒退,尤其是十六国时期北方处于历史上最黑暗的年代,中原和关中两个传统经济中心严重衰落。但是,科学技术是文明社会发展中最为活跃的因素,经常能在十分困难的条件下,在夹缝中生存发展,加上当时"独尊儒术"有所松弛,民间的道教流行、外来的佛教兴盛等原因,不但促使道学(特别是老庄之学)、佛学成为显学,开创儒、释、道共同发展的历史,也促使科学技术和自然国学取得显著的成就。

这一时期,自然国学和科学技术发展的主要成就或主要体现,是天学、地学、算学、农学、医学等各门学问的全面化、系统化,从而都形成体系。

二、天学体系形成

天学体系的形成,包括古代宇宙结构理论体系形成、历法体系形成、古代天文仪器制造和天文观察成果显著、涌现出一批天文学家和代表性著作。

1. 古代宇宙结构理论体系形成。构成中国古代关于宇宙结构的理论有三大学派(盖天说、浑天说、宣夜说),简称为"天三家",都在这个时期形成较为成熟的理论。①盖天说。周初出现,在流行1000多年的基础上于汉代形成较为成熟的理论,代表作是西汉中期成书的《周髀算经》,故该说又称周髀说。其初期观点是"天圆如地盖,地方如棋局",即"天圆地方"观;后期认为"天象盖笠,地法覆盘",即天地都是拱形的半球,日月星辰在天盖上运动,不会出没到地下面,看不见它们是因为离我们太远了。魏晋南北朝时出现的"穹天论",基本沿用上述观点。该学说自周初至汉影响中国1000多年。②浑天说。在与盖天说争论中发展起来，认为天是一个整球，一半在地上，一半在地下，日月星辰随天球而运动，看不见它们时是因为转到了地下。经前汉落下闳、耿寿昌、扬雄等努力，后汉张衡集其大成，并创制"水运浑天仪"，使该学说广泛传播。在后汉以后1000多年中一直占据主导地位。③宣夜说。汉代以前产生的另一种关于天地结构的新学说，《晋书•天文志》有较完整的记载。认为天不是一个球状的固体"天穹"，而是一个没有形体的无限空间，日月众星也不是固定在"天穹"上，而是自然地浮在虚空之中，依赖气的作用而动而止。从现代科学看，这样精辟的观点出现在2000多年前是难能可贵的。东晋天文学家虞喜提出的"安天论"，发展了宣夜说。但宣夜说没有提出自己的天体坐标及其运动的量度方法，所用数据是借用浑天说的，故而一直未能得到广泛的发展。

2.历法体系形成。从秦统一六国至隋亡（618年），这800多年间共制定历法30多部[①]，其中最著名的或最有价值的是太初历、乾象历和大明历。①太初历。汉武帝元封七年（公元前104年）由邓平、落下闳制定的历法。从秦始皇统一中国之年到汉武帝元封七年五月，这117年间中国实施的是先秦时制定的颛顼历。它以十月为每年的第一个月，但仍称十月，不称正月；最后一个月仍称九月。所以，《史记》的《秦始皇本纪》从二十六年开始，经秦二世和汉高祖、吕太后、汉文帝，至汉景帝的各本纪中，史事发生的年月都完全按冬、春、夏、秋顺序排列，这种政治年度与农业生产安排、人们惯用的春夏秋冬不合，造成许多麻烦，故有不少人建议改历。汉武帝元封七年从18个改历方案中选定邓平、落下闳方案，把元封七年改为太初元年，故名太初历。它规定每年都从当年春正月开始，到冬季十二月底为年终。它已具备气朔、闰法、五星、交食周期等一系列内容，标志中国古代历法体系形成。它还首次提出以

---

① 《中国大百科全书•天文学》卷．第559~560页．北京：中国大百科全书出版社．1980.

没有中气（指雨水、春分、谷雨等十二节气）的月份为闰月的原则，把季节和月份的关系调整得十分合理，这个原则在农历（夏历）中一直沿用至今。它还第一个提出135个朔望月中有23个食季的食周概念，建立一套推算五星的方法，这都为后世历法树立了范例。②乾象历。后汉灵帝光和年间（公元178～183年）刘洪创制的历法。这是一部有不少首创的历法，比以前的所有历法都精密，把以前四分历的1回归年=365又1/4日，1朔望月=29又499/940日，分别缩短为1回归年=365又145/589日，1朔望月=29又773/1457日。它首创计算月行速度，计算出近点月的日数与近世实测结果相差不远；首创"求朔望定大小余"、"求朔望加时定度"两个算法，预推日月食时刻；还创立"月行三道术"和推算五星的方法，其所测五星会合周期除火星外，都与今值相近。③大明历。南朝刘宋王朝大明六年（462年）祖冲之创制的历法。它最大贡献有两点，一是引进岁差；二是采用391年中有144个闰月的新闰周，突破了19年7闰的传统周期，使历法更精确，这是中国历法的重大进步。它推算出的近点月为27，554688日，与当今测量值相差不到十万分之十四日；回归年长度为365，2428日，与当今测量值只差万分之六日；五大行星会合周期值，其中误差最大的火星也没有超过百分之一日，误差最小的水星已接近于真值。

　　3. 古代天文仪器制造和天文观察成果显著。此时期天文仪器制造主要有：①浑仪，用来测量天体坐标和天体间角度的仪器。始建于西汉落下闳；东汉时贾逵增设黄道环，成为中国历史上第一架黄道铜仪，发现月亮运动不均匀性；前赵政权光初六年（323年）孔挺设计一台铜制浑仪，这是中国第一台留下详细记录的机器①，北魏永兴四年（412年）制成铁浑仪，这是中国历史上唯一一台铁制浑仪②。②浑象，用于测量天象变化的仪器。始建于西汉耿寿昌，最著名的是东汉张衡的"水运浑天仪"，是中国古代历史上一个重要的创造。③秤漏，用于计时装置。北

---

① ②《隋书·天文志》。

齐天文学家信都芳曾撰写中国最早的科学仪器著作《器准图》（佚）[1]。

4. 在天文观察仪器改善的基础上天文观察成果显著，突出的成果有：①发现岁差。岁差是指冬至点在星空中每年的移动值，由东晋天文学家虞喜最先提出岁差概念，并研究认为每50年差一度（中国古代365又1/4度制的一度）[2]。②发现太阳视运动不均匀性，由北齐天文学家张子信发现，发现太阳运行在春分后减慢，在秋分后加快，并定量研究出太阳实际运动速度与平均运动速度的差值，即日行"入气差"。后张氏又发现五星视运动不均匀性，研究出其偏差量，提出计算五星位置的"入气减"法。张氏还发现月亮视差对日食的影响，提出计算方法[3]。张氏的三大发现，不仅开辟了太阳视运动、五星视运动研究新方向，而且对以后历法改革产生重大影响。③星官体系建立。西汉司马迁在《史记•天官书》中，总结之前的星官，建立一个五宫、二十八宿、558颗星组成的星官体系，这是中国古代第一个完整的星官体系，东晋天文学家陈卓把它扩展为二十八宿、283官、1464颗星组成的星官体系，并绘制出全天星图。陈卓的体系与星图，成为后世制作星图、浑象的标准，在中国历史上沿用1000多年[4]。④记录太阳黑子。见于西汉河平元年（公元前28年）三月[5]，这是世界上最早有确切位置和时间的太阳黑子记录。⑤记录客星。中国古书中的客星多指新星（有时亮度突增几千到几百万倍的星体）和超新星（变增亮度达一亿至数亿倍的星体），《汉书•天文志》记载"元光元年（公元前134年）六月，客星见于房"，是中外历史上记载的第一颗新星。

5. 涌现一批天文学家和天学著述。如西汉落下闳、耿寿昌，东汉

① 史仲文、胡晓林主编.《中国全史（百卷本）》. 第8册.《中国魏晋南北朝科学史》. 第174页. 北京：人民出版社. 1994.

② 《晋书•虞喜传》.

③ 《隋书•天文志》.

④ 《晋书•天文志》.

⑤ 《汉书•五行志》.

张衡、刘洪、贾逵，晋朝虞喜、陈卓，南朝何承天、信都芳、张子信，北朝孔挺等；专著有《周髀算经》《浑天仪图注》《灵宪》《器准图》等。

三、地学传统体系形成

《汉书·地理志》《水经注》等书出现，标志中国地学（舆地学）传统体系形成[①]。中国传统舆地系统包括经学地理、史学地理、志书地理、边疆和城外地理、山水地理、杂记地理和舆地图[②]。这时期最突出的成果是《汉书·地理志》《法显传》《水经注》和制图六体的问世。

1. 《汉书·地理志》问世。《汉书·地理志》是《汉书》十志之一。东汉班固（公元32～92年）著，著于公元一世纪。内容分三部分，本章第一节已有介绍。它与《史记·河渠书》《史记·大宛列传》《汉书·西域传》《汉书·西南夷两粤朝鲜传》等开创史学地理，从此形成中国传统舆地学依附史学的特征[③]。它又与《史记·河渠书》开创沿革地理研究和体例，沿革地理以后成为中国舆地学的主干。它还开创中国疆域地理（或说政区地理）研究和体例，疆域地理成为中国舆地学的重要内容。它是中国第一部以"地理"命名的舆地学著述，把先秦舆地学重视自然、探索自然的研究方向扭向了沿革地理、疆域地理研究，造成了中国舆地学史上的一次断裂。

2. 《法显传》问世。《史记·大宛列传》《汉书·西域传》开创了边疆和域外地理研究方向，这时期该研究方向最重要的著述是《法显传》。法显（约335～420年），东晋人，旅行家和高僧，是中国经陆路到达印度由海上回国、且留下著述的第一人。隆安三年（公元399年），年过花甲之年的他与同行共11人，从长安（今西安）出发，取道古老

---

① 《中国大百科全书·地理学》卷. 第502页. 北京：中国大百科全书出版社. 1990.

② 孙关龙. 《中国传统地理学内容研究》. 载《地域研究与开发》1991年（第10卷）第1期.

③ 孙关龙. 《试析中国传统地理学的特点》. 载《地域研究与开发》1990年（第9卷）第2期.

陆上丝绸之路上的河西走廊，开始天竺（今印度）取经之旅。他穿越葱岭，折向中印半岛，周游印度，然后经今斯里兰卡、印尼苏门答腊，从海上于义熙八年（412年）在山东崂山登陆回国。历时13年多，回国时仅剩法显一人。义熙十二年（416年）写成《法显传》（又称《佛国记》《佛游天竺记》《历游天竺记传》）一卷，约9000字。它是中国与印度间陆，海交通的最早记述，是中国古代关于中亚、南亚、南洋30余国的第一部史地著作[①]。

3. 《水经注》问世。西汉及其之前，中国对河流湖泊的记载囿于政区，因而一些跨郡县的大江大湖得不到完整的反映，更说不上整体性的治理和利用。东汉末、三国时期成书的《水经》，一改过去以政区为纲的记述，以河流本身为纲加以记述，弥补了上述缺陷。但是，《水经》仅1万多字，记述137条河流的源地、流经地区、主支流分布以及归宿。记述也较简单。随着人们水文知识的增长，它满足不了人们的需要，于是北魏地理学家兼官员郦道元作《水经注》。他参考大量前人著述和地图，"掇其精华，以注水经"（《水经注•序》），并利用出任多地地方官员之便，进行实地考察，每到一处"访渎搜集"，"脉其技流之吐纳，诊其治路之所缠"（同上），纠正了《水经》许多差错，指出文献引用的正误。《水经注》40卷，30多万字，记述河流1252条，所涉河流近于《水经》10倍，全书字数超出《水经》20余倍，名义上是注释《水经》，实际是在《水经》基础上的再创造。该书以水系为纲，不但记述水系本身的源、流、归宿，而且记载了水系所经的山陵、城邑、关津、土壤、气候、植被、物产等，同时记录了所经地区的民俗、古迹、人物、事件、建置沿革、神话传说等。因此，它是一部以水系为纲的综合地理著作，不但对研究中国古代历史、地理有参考价值，其中许多内容

---

① 史仲文、胡晓林主编.《中国全史（百卷本）》. 第8册.《中国魏晋南北朝科学史》. 第208页. 北京：人民出版社. 1994.

在当代仍具有重要价值；而且它注文中指名引用的文献达470余种、金石碑刻达350余种，而所引用的文献、碑刻等大多亡佚，所以它保存了古代大量珍贵的资料①。

4.制图六体问世。晋朝裴秀创制，裴氏官至尚书令和司空（相当于宰相），除管理政务外，还兼管户籍和地图，曾对地图有深入研究，编制过《禹贡地域图》（18篇，佚，为目前所知中国和世界最早的历史地图集）。通过实践，他创造性地总结提出"制图六体"②；"一曰分率"，即比例尺，用于测定地域的大小。"二曰准望"，即方向，用于确定地物的方位。"三曰道里"，即距离，用于计算地物间的里程。"四曰高下"、"五曰方邪"、"六曰迂直"，这三者都与里程有关，以求得两地之间的水平距离："高下"是指高则取下，取下即取水平直线距离；"方邪"是指方（直角三角形的两个直角边）则取斜（直角三角形的斜边）；"迂直"是指迂（曲线），则取直线距离。有这"六体"，"虽有峻山巨海之隔，绝域殊方之回，登降诡曲之因，皆可得举而定者"③。它是中国古代地图编制的六条原则，除经纬度和地图投影外，凡涉及制图的各项重要原则都提出来了，在中国地图学史上具有划时代的意义；它指导中国地图制图1000多年，一些原则一直运用到今天。裴秀被誉为中国传统地图学的奠基人。

四、算学体系形成

秦汉至隋800年，是中国传统算学史上重要的发展时期。这一时期，算学著作问世者不下数十种，仅《隋书·经籍志》所记载魏晋南北朝时期的算学著作就有20余种。中国和世界数学名著《九章算术》成于此时，收入著名的《算经十书》，绝大多数著作亦成于此时：西汉的

---

① 《中国大百科全书·地理学》卷．第284页．北京：中国大百科全书出版社．1990．
② ③ 《晋书·裴秀传》．

《周髀算经》和三国吴人赵的《周髀算经注》，三国魏人刘徽的《九章算术注》《海岛算经》《孙子算经》《夏侯阳算经》《张丘建算经》，北周甄鸾的《五曹算经》《五经算术》《数术记遗》，南北朝祖冲之的《缀术》等。它们充实、发展了以《九章算术》为代表的中国传统算学体系，获取了勾股定理证明、勾股算术、重差术、割圆术、球的体积公式、线性方程组解法、二次和三次方程解法、不定方程解法、圆周率近似值等一系列重大成果；提出了"孙子问题"（即一次同余式问题，见《孙子算经》）、百鸡问题（见《张丘建算经》）等世界性名题。其中最为突出的成果是：《九章算术》成书、刘徽作《九章算术注》、祖冲之的圆周率近似值。

1. 《九章算术》成书。成书于东汉初期，公元50～100年间，作者不详，它的成书，标志以算筹为工具、问题解法为中心的中国算学体系形成。该书从各类实际问题中选出246个例题，按解题方法和应用范围分为九大类，每一大类作为一章，纂集而成。第一章方田，讲田亩面积计算方法，系统叙述分数，给出约分、通分、四则运算和求最大公约数等运算法则。第二章粟米、第三章衰分，讲比例及其分配问题。第四章少广，由已知面积或体积求边长，讲开平方、立方方法。第五章商功，讲各种工程的土方体积计算。第六章均输，按人口多少、路途远近等条件，计算税收等问题，提出复比例、连比例等计算。第七章盈不足，介绍 "双设法"求解。第八章方程，指求解一次方程组，此章提出了"负数"，并给出正负数的加减运算法则。第九章勾股，讲利用勾股定理进行测量、计算。它在世界上最早系统叙述分数的运算，古巴比伦、古埃及、古希腊的分数多限于分子为1的单分数，印度最早在公元7世纪才有分数运算的论述，欧洲则更晚。盈不足算法，由中国发明，被中世纪阿拉伯和欧洲人誉称为"契丹算法"（契丹指中国，即公认这是中国算法）。中国的一次方程组解法世界最早，印度12世纪初才有，欧洲迟至16世纪出现。中国在人类史上第一次引入负数，并进行计算（把卖出数

105

视为正，买入数视为负），印度7世纪才出现负数，欧洲到16~17世纪才对负数有比较正确的认识。在世界数学史上，《九章算术》对分数的概念及其运算、比例问题的计算、负数概念的引入和正负数的加减运算法等，都比印度早800年左右，比欧洲国家则早千余年[①]。以《九章算术》为代表的精密计算，正是古希腊数学体系的欠缺之处，经印度、阿拉伯传入欧洲，对文艺复兴前后世界数学的发展作出了贡献。

2. 刘徽作《九章算术注》。《九章算术注》奠定了中国古代算术的理论基础。该书对《九章算术》的大多数算学方法作出了相当严密的论证，对许多重要的算学概念给出了严格且明确的定义或解释，并提出"析理以辞，解体用图"，为后世算学的发展奠定了理论基础。该书还创立"割圆术"、"重差术"，计算出当时世界上圆周率的最佳近似值 $\pi = 3927/1250$ （相当于3.1416）。

3. 祖冲之的圆周率近似值。祖冲之自小"专攻算数"，在算学、天学等方面作出了重大贡献，其中一大贡献是计算圆周率的近似值。他应用刘徽的割圆术，在刘徽计算 $\pi = 3.1416$ 的基础上，反复进行十分繁复的计算工作，终于求出精确到第七位有效数字的圆周率近似值，$3.1415926 < \pi < 3.1415927$。这个数值表明，祖冲之至少对9位数字的大数目进行各种运算（包括开方在内）130次，这在今天用笔算运算都是一项非常复杂的大工程，而当时运用筹算运算不知要艰巨多少倍。为计算方便，祖冲之还求出两个用分数表示的圆周率数值：一个为22/7，称之约率；一个为355/113，称为密率。祖冲之的圆周率近似值，远远地走在当时世界的前列。直到1000年后，阿拉伯数学家阿尔•卡西（al-Kashi）于1427年撰《算术之钥》和16世纪法国数学家维叶特（Vieta，1540~1603）才求出比 $3.1415926 < \pi < 3.1415927$ 更为精确的数值。祖冲之的密率，是分子、分母在1000以内表示圆周率的最佳渐进分数，在欧洲1000多年

---

① 杜石然主编．《中国科学技术史•通史卷》．第243页．北京：科学出版社．2003．

后的16世纪，才由德国V．奥托（Valentinus Otto）和荷兰A．安托尼兹（Adriaen Anthoniszoon）算出这一数值[①]。

4.农学体系形成。西汉的重农思想，赵过推广牛耕法和铁犁等新农具、新耕作技术，极大地推动了农业生产。东汉时已有双季稻栽培技术，"冬又熟，农者一岁再种"（杨孚《异物志》）；已有稻秧移栽的记录（《四民月令》）。魏晋时北方已形成"耕—耙—耱"配套的整套耕地技术；农肥已有基肥、追肥和生粪、熟粪之分，已实行绿肥耕作技术、带肥下种技术等；发明穗选法，单打、单种的选种法和留种法等。这期间，出现两部重要农学著作：《氾胜之书》和《齐民要术》。

①《氾胜之书》。中国现存最早的农学著作，且奠定以后约2000年中国农学著述先总论、后分论的例式。成于西汉末，作者氾胜之。原书已佚，现存辑本，约3700字。在总论部分，提出耕作栽培的六条原则："凡耕之本，在于趣时、和土、务粪、泽、早锄、早获。"趣时，即不误农时；和土，即土壤要疏松、有良好结构；务粪，适时施肥；泽，及时灌溉；早锄，及时锄草；早获，适时收获。这六项原则至今有用。在分论部分，叙述了粮食作物、衣料作物、饲料作物等12种作物的栽培方法，从整地播种直到收获各个环节均有介绍，且指出不同的作物要用不同的方法、不同的时间。第三部分专门介绍了所发明的高产栽培方法——区种法。此书出现是中国农业科学技术进入一个新时代的标志。

②《齐民要术》。北魏时期出现的世界农学名著，中国古代三大农书之一（另两本为元代王祯《农书》、明代徐光启《农政全书》）[②]。贾思勰著，10卷，92篇，约11万字。中国第一部全面记述农、林、牧、副、渔各个方面的农书。其内容丰富，重点突出：以生产技术记述为主，又不乏理论性概括；生产技术中以种植业为主，并兼及蚕桑、林

① 杜石然主编．《中国科学技术史·通史卷》．第337页．北京：科学出版社．2003.
② 史仲文、胡晓林主编．《中国全史（百卷本）》．第8册．《中国魏晋南北朝科学史》．第34～36页．北京：人民出版社．1994.

业、畜牧、养鱼和农副产品加工等各个方面；种植业中以粮食作物为主，亦涉及油料、桑麻、染料、园艺作物；在地域以反映黄河中下游地域为主，且论及南方和外域作物品种。它是中国第一部完整的农书；是中国北方旱地精耕细作体系成熟的标志，以后1000多年北方旱地农业技术的发展基本上没有超出该书所指出的范围和方向；对植物驯化、遗传变异与人工选择、杂交和定向培育的记载及论述，曾引起英国生物学家 C．R．达尔文的注意，并在其著作中加以引用，称之为"中国古代百科全书"①。

　　5.医学体系形成。秦汉至隋，是中国传统医学构成庞大医学体系的时期。《黄帝内经》成书于西汉，它奠定了中国传统医学基础。东汉末张仲景的《伤寒杂病论》，是中医临床医学的里程碑，确立辨证论治原则。东晋葛洪的《肘后方》，是中国最早的"医学急救手册"，在中国最早发现天花，首次论述恙虫病及其预防，首创用狂犬脑治疗狂犬病等②。本草方面，有成书于东汉、中国现知最早的药学著作《神农本草经》，以及南北朝时陶弘景的《本草经集注》；有为药物炮制奠基的、中国第一部炮灸专著、南北朝时的《雷公炮灸论》。针灸方面，有中国现存最早的针灸专著、魏晋间皇甫谧的《针灸甲乙经》，收载穴位349个，将针灸理论与治疗紧密结合，形成针灸学完整的诊疗体系。诊法方面，有张仲景的四诊（望、闻、问、切）、六经（指病症六大类型，即太阳、阳明、少阳和太阴、厥阴、少阴）、八纲（病机病变的八种情况，为表、里、阴、阳、虚、实、寒、热）等，加上辩证论证，为中医临床医学奠定基础；晋代王叔和集中国脉学之大成，著中国现存第一部脉学专著《脉经》，为中国脉学发展奠定基础。外科方面，有三国时神

① 孙关龙．《达尔文著作中的中国百科全书》．载《探讨》2004年第2期；载《孙关龙百科全书论集·百科全书综论》第4卷．第113～119页．北京：中国大百科全书出版社．2006．
② 史仲文、胡晓林主编．《中国全史（百卷本）》．第8册．《中国魏晋南北朝科学史》．第228～230页．北京：人民出版社．1994．

医华佗；南北朝时龚庆宣的外科专著《刘涓子鬼遗方》。病因方面，有隋代巢元方等编撰中国最早论述疾病病因和证候的医学著作《诸病源候论》等。最为突出的成果是：《黄帝内经》成书和《神农本草经》《伤寒杂病论》问世，分别为中医理论、中医药物和中医病症医学奠定基础。

①《黄帝内经》成书。《黄帝内经》是中医学奠基之作，现存最早的中医理论经典专著，又称《内经》。全书18卷，162篇，由《素问》《灵枢》（又称《针经》）两部分组成。过去以为此书成于战国时代，20世纪70年代长沙汉墓马王堆医书出土后，多数学者倾向认为它成书于西汉后期。它"非一时之言"，亦"非一人之手"，其基本内容成于战国时期，秦汉都有补订。内容丰富，有一定的系统，包括阴阳、脏象（脏腑生理、病理反映，并含有五脏六腑、"奇恒之腑"的功能）、经络（十二经、奇经八脉）、论治（含有治则和治法，治法有针、砭、灸、汤药、药酒、按摩、气功、温熨、贴药等）、药性理论、运气学说、摄生（含有养生、预防）等（见第三章第二节）。全书贯穿统一整体观、发展变化观和恒动观，构成了中医学的基本特色[①]。

②《神农本草经》问世。《神农本草经》为中国现存最早的中药学专著，是对中国早期临床用药经验的第一次大总结，亦第一次对中国药物进行了较为全面、系统的分类，是中药学的经典之作。又称《神农本草》，简称《本草经》《本经》。基本内容成于西汉，成书在东汉。全书4卷，总论1卷，论述13条药学理论原则，将全书365种药物（植物药252种、动物药67种、矿物药46种）按功能分为上品、中品、下品三类；余3卷为各论，上品（120种）、中品（120种）、下品（125种）各1卷。每一品中，则按药物的自然属性分为玉、石、草、木、兽、禽、虫、鱼、果、米谷、菜等部排列，中国古代本草学著作几乎无不受其影响，

---

① 《中国大百科全书·中医》卷．第212~213页．北京：中国大百科全书出版社．2000.

其中许多本草学著作以它为基础发展而成。

③《伤寒杂病论》问世。中医临床医学的奠基之作。东汉末张仲景撰，16卷，由《伤寒论》（10卷）和《金匮要略》（6卷）两部分组成。它是中国第一部理、法、方、药兼备，中医理论与实践紧密结合的临症诊疗专著。此书所谓的"伤寒"，是泛指外感风寒导致的各种疾病。该书充实和发展了《内经》的热病学说，创造性地提出"六经辨治"的原则；根据病变情况，创造性地提出"八纲"（表、里、阴、阳、虚、实、寒、热）辨证论治方法，奠定中医"辨证论治"理论；确立脉证并重原则，开创脉证合参的诊断法；保存大量有效方剂，收有375个药方，使用药物214种，且对每一药物的功能、应用、煎法、服法等有详细说明和规定。这些方剂因有效，被尊称为"经方"，张仲景被尊为方剂学之祖[①]。

6.技艺学发展。技术、工艺在这个阶段取得显著的成果，包括纺织技术、机械技术、建筑技术、园林技术、水利工程技术、交通技术、漆器技术，以及在这个阶段兴起和发展的炼丹化学等，其突出的成果如下：

①发明造纸术。距今5000～4000年前及以后刻在陶器的文字符号，称为陶文。殷商、西周时期主要书写材料是龟甲兽骨和青铜器，分别形成甲骨文、金文。随着文化的发展，春秋战国时期主要书写材料演变为竹片、木片和丝帛，形成竹简、木牍、帛书。这些材料，书写很不方便，即便是竹简、木牍也要选用上好材质，进行处理后才能书写；阅读、携带、传播也都很不方便，时常造成错简、乱简、断牍、缺帛等问题；且产量不高，价格不菲。因此随着春秋战国时期学术文化的大发展，迫切需要一种价格低廉、能批量生产、书写和传播方便的新型书写材料，于是造纸术应运得以发明和发展。

---

① 史仲文、胡晓林主编.《中国全史（百卷本）》.第6册.《中国秦汉科技史》.第107～112页.北京：人民出版社.1994.

　　过去都说东汉蔡伦发明造纸术，最早的纸是蔡伦纸。从20世纪30年代发现西汉的"罗布淖尔纸"以来，大量的考古资料说明西汉已有纸张，蔡伦纸不是中国最早的纸①。但是，蔡伦总结了西汉以来造纸的经验，进行了大胆的实验和革新，在原料上除采用破布、旧渔网外，还采用树皮等，从而开拓一个崭新的原料领域，开创了近代木浆纸的先声，为造纸业发展开辟了广阔的途径；在技术上，较以前更完备、精细，大大提高生产效率和纸张质量，造出了便于书写的优质的"蔡伦纸"，于晋代纸完全取代了竹简、木牍。因而，蔡伦是造纸术的杰出的改革家②。中国造纸术在4～5世纪外传邻国，8世纪传至中亚，12世纪传入欧洲，约在17世纪传遍欧美各国，为世界文明发展和各国文化发展作出贡献。

　　②发明成熟瓷器。早在商代已出现原始瓷器，东汉末中国发明成熟瓷器，从此世界有了瓷器（成熟瓷器），以浙江上虞等地越窑烧制的青瓷为标志。成熟瓷器与原始瓷器相比，有3个方面差异：制胎原料加工细致，含铁量低；釉层厚薄均匀；烧结温度高，釉与胎结合巩固。到南北朝时，具有划时代价值的技术——白瓷出现。白瓷为后世彩绘瓷，包括釉下彩瓷、釉上彩瓷、青花瓷、斗彩瓷、五彩瓷、粉彩瓷、素三彩瓷等工艺形成创造了条件③。

　　③发明一系列冶铁新技术。包括高炉炼铁、平炉炼铁、炒钢技术、百炼钢技术、灌钢技术、铸铁脱碳钢技术等，从而完成了生产工具和兵器的铁器化进程。尤其是西汉中后期，炒钢技术的发明，即以生铁为原料炼钢，使得炼钢价廉易得，生产效率高，与其他制钢方法相比有极大

① 孙关龙．《百科全书的编纂是一门有规律的学问》．载《从〈广西百科全书〉到〈广西大百科全书〉》．第207页．北京：中国大百科全书出版社．2009.
② 史仲文、胡晓林主编．《中国全史（百卷本）》．第6册．《中国秦汉科技史》．第40～42页．北京：人民出版社．1994.
③ 路甬祥主编．《走进殿堂的中国古代科技史》．中卷．第246～249页．上海：上海交通大学出版社．2009.

的优越性。它的出现和推广，改变了整个冶铁生产的面貌，至今生铁仍是炼钢的主要原料。因此炒钢技术发明是钢铁发展史上具有划时代意义的大事①。

④发明一系列造船技术。包括发明斗舰、水车船、船橹、船舵、水密舱等。其中船舵，中国在公元前后已经使用，欧洲到1242年前后才使用②。船橹，在长沙出土的西汉船模上已经出现，成为船只航行主要的推进工具。用橹划水与用桨划水不同，船桨是通过桨板后划所产生的反作用力来推动船只前进，桨面只有与水接触时做的才是用功，离开水面时做的是虚功（无用功），因此既费力，效率又很低。橹则不同，它不划水，利用杠杆原理在水中摆动来推动船只前进，且可以连续摆动拨水，做的都是有效功，既省劲又高效率。它是中国在造船和航行技术方面的一项杰出发明，是中国对世界造船和航行技术的一项重大贡献，被称为"可能是中国发明中最科学的一个"③。水密舱，晋代发明，它能增加船体的刚度和强度；一舱进水不会波及邻舱，保障船舶继续航行，不轻易下沉；能坚固船体的横向结构，使桅杆与船体更加紧密相连，为船舶多桅多帆提供基础条件。1295年，马可·波罗把中国的水密舱技术传到欧洲，但是"传到西方500年之后才被采用"④，因而水密舱的使用西方比中国晚了约1500年。

① 史仲文、胡晓林主编．《中国全史（百卷本）》．第6册．《中国秦汉科技史》．第127～129页．北京：人民出版社．1994.

② 路甬祥主编．《走进殿堂的中国古代科技史》．下卷．第289页．上海：上海交通大学出版社．2009.

③ 史仲文、胡晓林主编．《中国全史（百卷本）》．第6册．《中国秦汉科技史》．第140页．北京：人民出版社．1994.

④ 路甬祥主编．《走进殿堂的中国古代科技史》．下卷．第292～294页．上海：上海交通大学出版社．2009.

第三节　　代表人物及其成就

这个时期，出现了一系列的代表性人物和著作。例如，天学方面有落下闳、耿寿昌、张衡、刘洪、贾逵、虞喜、陈卓、何承天、信都芳、祖冲之、张子信、孔挺等，著作有《周髀算经》《浑天仪图注》《灵宪》《器准图》等。地学方面有司马迁、班固、裴秀、法显、郦道元等，著作有《史记•大宛列传》《汉书•地理志》《扶南异物志》《吴时列国传》《法显传》《水经注》等。算学方面有张衡、刘徽、赵爽、甄鸾、祖冲之、祖暅之等，著作有《九章算术》《周髀算经》《海岛算经》《孙子算经》《张丘建算经》《五曹算经》《五经算术》《数术记遗》《缀术》等。农学方面有氾胜之、赵过、崔寔、贾思勰等。著作有《氾胜之书》《四民月令》《南方草木状》《齐民要术》等。医学方面有张仲景、葛洪、陶弘景、王叔和、皇甫谧、华佗、巢元方等，著作有《黄帝内经》《伤寒杂病论》《神农本草经》《肘后方》《脉经》《针灸甲乙经》《雷公炮灸论》《诸病通候论》等。技艺学方面有蔡伦等。其中，世界级的科学家有张衡、祖冲之，对世界已产生重大影响的著作则有《九章算术》《齐民要术》。这两部著作前面已有介绍，本节着重介绍两位世界级的科学家。

1. 张衡（公元78～139年）。

东汉最杰出的科学家。与欧洲著名科学家托勒密（90～168年）基本处于同一年代，他们东西呼应，都是世界级科学家。南阳西鄂（今河南南阳石桥镇）人。

①世界上最早的伟大天文学家之一[①]。张衡先后担任国家太史令

[①] 史仲文、胡晓林主编.《中国全史（百卷本）》. 第6册.《中国秦汉科技史》. 第25页. 北京：人民出版社. 1994.

14年，对天学贡献最为突出。他是浑天说的集大成者，认为天如鸡蛋，地为鸡蛋黄，"天大地小"、"天地各乘气而立，载水而浮"。指出天体每天绕地旋转一圈，总是半见于地平之上，半隐于地平之下（《灵宪》）。这里，张衡明确指出大地是一个圆球，形象地说明了天与地的关系。为此，他动手制造了演示浑天思想的机械——水运浑象仪。该仪器十分形象地表达了浑天说主张，又著有《浑天仪图注》。这一书一仪对浑天说得到社会广泛承认、并在中国以后历史上流行千余年，发挥了重要作用。

他在所著的天学名作《灵宪》中探讨了宇宙的起源和演化、宇宙无限性等论题，富有见地地提出宇宙是不断变化的，其过程经历三个阶段：ⓐ溟涬阶段，即虚无空间阶段；ⓑ庞鸿阶段，萌生物质性的元气阶段，即从无到有的突变阶段，物质性元气处于混沌的阶段；ⓒ太元阶段，元气突变分解为阴、阳二气，进而"自然相生"，产生天地万物。他关于宇宙是发展变化的、变化是分阶段和有层次的、其形成过程有渐变与突变、变化原因在于"自然相生"等观点，都十分宝贵。他又提出"宇之表无极，宙之端无穷"，非常精辟地论述了宇宙的无限性。

他还从理论上探讨陨星、彗星、月食和日月五星运动，指出：陨星原是与日月五星一样绕地运行的天体，只是其运动失去常态时自天而降成为陨石；彗星与恒星不同，它"错乎五纬之间"，即在五大行星范围内运动，其特征是"其见无期"、"其行无度"；月食，是"月过则食"，发生于"当日之冲"，所谓"当日"是月望之时，"之冲"为黄白交点及其附近时，此时才可能发生月食，这个认识与我们当今认识是一致的；日月五星运动有快有慢，快慢的速度是与它们离天的距离有关，"近天则迟，远天则速"（出处均见《灵宪》）。

他对恒星进行长时间观测和探讨工作，把星空划分为444个星官，共计约2500颗恒星（未计他从航海者处得知南半球的星宿）。这一工作大大超过了石申、甘德的同类工作，亦非他同时代人甚至一些后世人可以比拟①。可惜，这一工作成果大多失传。通过观测，他计算得到太阳与月亮的视直径值约为半度的结果（折合于360°制的29′6），与现代测量到的太阳、月亮视直径值（32′0、31′1）相当接近。

他还致力于当时的历法工作。在涉及要不要修改当时历法的大辩论的，他旗帜鲜明地指出：历法修改与否不应以是否符合图谶之学为标准，而应以天文观测的结果为依据。在他等人力争下，当时妄图以图谶之学修改历法的做法以失败告终。他提出用当时最先进的月行九道法（由月亮运动不均匀性认识推导出来的月亮实际行度计算法）来改进当时历法，以更准确地推算朔日。虽然，张衡的这个提案未被采纳，但用定朔法替代平朔法的主张被200多年后的何承天的《元嘉历》所创用，这"是中国历法史上的一大进步"②。

②一位在仪器制造、地学、算学、文学、绘画等领域均有很高造诣的科学巨人③。东汉时地震频发，为此张衡进行了一系列研究，于公元132年首创世界第一台地震仪——地动仪。比欧洲最早的地震仪早1700多年④。它由"精铜铸成，圆径八尺"（《后汉书·张衡传》），里面有精巧的机械装置，一旦地震发生，相应的龙口会张口掉下小铜珠，依次可知道地震发生的时间、地点。据史载，该地动仪成功地记录了公元138年在甘肃发生的一次强震，证明了地动仪的准确性和可靠性。于是，朝野皆服（见《后汉书·张衡传》）。这也是世界上第一次由观测得知地震方位的实录。张衡还曾制造记里鼓车、指南针和能在空中展翅飞翔的木

① 史伸文、胡晓林主编.《中国全史（百卷本）》. 第6册.《中国秦汉科技史》. 第28页. 北京：人民出版社. 1994.
② 史伸文、胡晓林主编.《中国全史（百卷本）》. 第8册.《中国魏晋南北朝科学史》. 第165～166页. 北京：人民出版社. 1994.
③ 史伸文、胡晓林主编.《中国全史（百卷本）》. 第6册.《中国秦汉科技史》. 第29页. 北京：人民出版社. 1994.
④ 陈久金主编.《中国天文学史大系·中国古代天文学家》. 第91页. 北京：中国科学技术出版社. 2008.

鸟等器物。

他著有算学著作《算罔论》（佚），对圆周率、球体积计算法等均有研究，所得的圆周率先后为 $\pi = \sqrt{10} = 3.1622$[①]；$\pi = 730/232 = 3.1466$[②]，是当时相当先进的数值。

他是当时颇有名声的文学家，有不少歌赋之作流传下来。其中以《二京赋》（《西京赋》《东京赋》）最为著名。它一改过去汉赋欲讽反谀的缺点，在汉赋发展史上占有重要地位；《归田赋》，开创魏晋抒情赋的先声；《思玄赋》，在今天看来仍是一篇难得的人类旅行星际的畅想曲；《四愁诗》，对后世七言诗的形成起了重大作用。

他研究过舆地学，撰有《地形图》一卷，唐代张彦远的《历史名画记》曰："衡偿作地形图，盛唐犹存。"

他还是一位非常出色的画家，被后代列为东汉六大画家之一。

诚如现代学术大师郭沫若1956年为张衡题写碑文时所言："如此全面发展之人物，在世界史中亦所罕见。"[③]

2. 祖冲之（公元429～500年）。

南北朝时期的数学家、天文学家和机械制造家，世界级科学家。范阳郡道县（今河北涞源县）人，另说范阳郡蓟县（今北京西南部）人。

①算学上卓越贡献。他计算获得的圆周率数据，准确到小数点后的第7位，是当时世界最先进的数学成就，这个世界记录保持了近千年（见本章第二节）。他与儿子祖暅之圆满解决了球体积的计算问题，并提出正确的球体积公式，解决了刘徽未能完成的问题，被人称为"祖氏原理"。相类似的在西方称为"卡瓦列里原理"，迟1000多年后才有意大利数学家B. 卡瓦列里（Bonaventura Cavalieri，1598～1647年）提出[④]。祖冲之对

① 李俨.《中国古代数学史料》. 第48页. 北京：中国科学图书仪器公司. 1954.
② 钱宝琮.《张衡〈灵宪〉中的圆周率问题》. 载《科学史集刊》1958年第1集.
③ 孙关龙.《中华文明史话·科技史》. 第49页. 北京：中国大百科全书出版社. 2010.
④ 杜石然主编.《中国科学技术史·通史卷》. 第338页. 北京：科学出版社. 2003.

二次方程解法、三次方程解法等都作出重要贡献。著有《九章术义》《缀术》(均佚)。其中《缀术》收入唐代著名的《算经十书》,成为唐代国子监教科书,十书中各书学习时间不尽相同,有一年、二年的,《缀术》最长,要学四年。

②天学上辉煌成就。他在33岁时创建《大明历》,把中国历法精度大大提高(见本章第二节)。在以后发生的历史上有名的祖冲之与戴法兴关于改历之争中,祖冲之面对权臣,不怕孤立、不畏权势,撰写《驳议》,严肃指出《大明历》改革的天象依据,"有形可检,有数可推",不能"信古而疑今"。直到他去世10年后,于梁天监九年(510年)才正式颁布实施《大明历》。

他发明用圭表测量冬至前后若干天太阳影长的方法来确定冬至,这方法为后世长期使用。创立交点月预报交食的计算方法,用交点月预报替代交点年预报,是中国古代天学的一大进步。

③博学多才的机械发明家。祖冲之对各种机械有深入研究,曾设计并制造水碓磨(利用水力加工粮食的工具)、铜制机件传动的指南车、一天行百里的"千里船"、计时器漏壶和巧妙的欹器等。

他精通音律,写过小说《述异记》(10卷),著过《论语孝经释》《易老庄义》《安边论》等书。惜多失传。

为纪念和表彰祖冲之的科学贡献,人们把密率355/133称之为"祖率",把球体积计算公式称之为"祖氏原理";经国际小行星中心批准,中国科学院紫金山天文台(南京)把该台发现的一颗小行星命名为"祖冲之"星;莫斯科大学里刻有世界著名科学家雕像,其中有祖冲之雕像;国际天文学会把月球背面的环形山,也有命名为"祖冲之"山[1]。

---

[1] 史仲文、胡晓林主编.《中国全史(百卷本)》.第8册.《中国魏晋南北朝科学史》.第159~160页.北京:人民出版社.1994.

第五章

自然国学的高峰

　　自然国学在唐朝进入高峰时期，以后尽管有所起伏，但是高峰一直延续到明末，前后大致经历达千年之久。高峰时期如此之长，在世界古代科技史上是一个奇迹。

第一节　高峰期时限的讨论

　　以往中国古代科学技术史的划分，多把高潮时期或说高度发展时期或说高峰时期定于宋元时段，把唐与五代隋归并在一起，称为"持续发展时期"；把明代则与清代捆绑在一起，纳入"缓慢发展时期"[1][2]；2009年版《中国大百科全书》"中国科学技术史"条则认为中国古代科学技术发展史有3个高峰时期："南北朝第一次科学高峰时期"、"北宋第二次科学高峰时期"、"晚明第三次科学高峰时期"[3]。我们认为后一种划分较前一种划分科学，当然亦有商榷之处。

一、唐代不应置于高峰期外

　　过去说宋元是中国古代科学技术发展的高峰期，很重要的一点是认为火药、印刷术、指南针三大发明主要在宋代形成的，因此把这三大发

---

① 杜石然、范楚玉等编著．《中国科学技术史稿》上册．第290～372页；下册．第1～5、109～113页．北京：科学出版社．1982．

② 杜石然主编．《中国科学技术史·通史卷》．第387～392、500、699～702页．北京：科学出版社．2003．

③ 《中国大百科全书（第二版）》．第29卷．第53～56页．北京：中国大百科全书出版社．2009．

明都放在宋代叙述①②，以至于有的书籍误认为"我国的四大发明早已誉满全球，其中3种发明于宋代，它们是活字印刷术、火药和指南针"③。这三大发明究竟始于何时，是值得在此加以讨论的，因为涉及唐代能否划入高峰期的问题。

①火药。科技史家研究证明："唐代的炼丹家发明了火药"。在唐元和三年（808年）撰写成书的《太上圣祖金丹秘诀》（后选入《铅汞甲庚至宝集成》第2卷），记有将阴性药物硝石2两，同阳性物质硫磺2两和含碳物质马兜铃3.5两反复合炼，发生烧毁房屋、烧伤人手和面部的结果。其合炼反应过程同火药的近代化学反应方式是完全吻合的。可见"唐朝炼丹家发明的火药是完全符合科学真理的，是当时化学实验的最高水平"④。

②印刷术。印刷术的发明，不但包括活字印刷术的发明，还应包括雕版印刷的发明。印刷史研究专家指出："中国在公元7世纪唐初贞观年间发明雕版印刷，比欧洲早约700年。11世纪北宋庆历年间，毕昇发明活字印刷术，则比德国谷腾堡早约400年"⑤。《中国大百科全书》"四大发明"条也指出："1974年西安唐墓出土的梵文《陀罗尼经》，印刷于7世纪，是现知中国和世界最早的雕版印刷品……1041～1048年，宋代技士毕昇发明胶泥制成的活字版印刷技术……"⑥

③指南针。物理学史研究家指出：战国时期《韩非子·有度》篇和

① 杜石然、范楚玉等编著．《中国科学技术史稿》下册．第5～24页．北京：科学出版社．1982.
② 杜石然主编．《中国科学技术史·通史卷》．第508～548页．北京：科学出版社．2003.
③ 史仲文、胡晓林主编．《中国全史（百卷本）》第12册．《中国宋辽金夏科技史》．第8页．北京：人民出版社．1994.
④ 路甬祥主编．《走进殿堂的中国古代科技史》中册．第172～173页．上海：上海交通大学出版社．2009.
⑤ 路甬祥主编．《走进殿堂的中国古代科技史》中册．第136页．上海：上海交通大学出版社．2009.
⑥ 《中国大百科全书（第二版）》．第21卷．第136页．北京：中国大百科全书出版社．2009.

东汉王充《论衡·是应》篇中的'司南'，是磁指向器。但"司南"不同于指南针，指南针必须解决人工磁化问题。据现有材料，指南针发明于唐朝。晚唐段成式（803～863年）所著的《酉阳杂俎》卷五曰："勇带磁针石，危防丘井藤"，"有松堪系马，遇钵更投针。"这里所言的"磁针"、"投针"，即指水浮指南针[①]。

④其他科学技术。唐代是中国学术文化集大成的朝代，是一个富有创新成果的朝代，在天、地、算、农、医和技艺学等方面都取得丰硕成果。

(a)天学成果。此时的中国天学吸收巴比伦、印度和伊斯兰教国家的一些天学家成果，有长足进步。主要体现在一书一历一人上：一书是曾任唐太史令的、印度籍天学家瞿昙悉达奉敕编撰的《开元占经》，全名为《大唐开元占经》，120卷，约60万字，成于公元718～728年。它集唐以前各家星占学说之大成，包括保存中国最古老的恒星方位的资料、二十八宿古今距度的系列数值、各个朝代天学家关于宇宙结构及其运动理论的系统资料；系统记载了中国公元8世纪之前所有已知历法的基本数据；还载有古代印度历法《九执历》的中译文，成为中国中古时期星占学、历法一个最重要、最完备的资料库，在中国和世界科学文化史上占有重要的地位[②]。一历是《大衍历》，僧一行的《大衍历》是中国历史上最重要的历法之一。它首创九服食差计算法，首创九服晷漏计算法，使《大衍历》成为当时最为先进的历法。一人是高僧、天学家僧一行，他在《大衍历》中对日、月、五行运动、交食以及数学方法等方面有一系列创造性贡献（如创编世界上最早的正切函数表[③]，创用不等间距二次

---

① 路甬祥主编.《走进殿堂的中国古代科技史》中册.第192～201页.上海：上海交通大学出版社.2009.

② 路甬祥主编.《走进殿堂的中国古代科技史》上册.第58页.上海：上海交通大学出版社.2009.

③ 刘金沂、赵澄秋.《唐代一行编成世界上最早的正切函数表》.载《自然科学史研究》1986年第4期.

内插法公式，把内插法应用提高至一个新的水平[①]等）；与他人共同创制能自动演示天象、自动报时的水运浑天仪（亦是中国最早的自动报时仪器），创制覆矩仪等；主持中国第一次全国性的大规模的天文学测量，否定流行的"寸差千里"的错误算法，发现并建立子午线1度的概念和弧长，完成世界上第一次子午线实测工作[②]。

（b）舆地学成果。突出成果是一图一记两志：一图是贾耽的《海内华夷图》，此图广三丈，纵三丈三尺，分率以一寸折成百里，因此东西涵盖长度达今天的3万千米，南北涵盖达今天的3万千米以上，是一幅近于100平方米的巨型地图（惜佚），充分地体现了唐帝国的气魄。这是一幅真正的世界地图，其缩本西安碑林的《华夷图》是中国现存最早的世界地图。它创用朱墨两色表示古今地名的绘注方法一直运用至今。它代表了唐代高超的制图水平，标志着中国古代地图制作水平达到了新的高峰[③]。一记是玄奘的《大唐西域记》，该书12卷，成于唐贞观二十年（646年），是玄奘西行求经18年（627～645年）亲身经历的记录，对中国舆地学贡献达到了一个前所未有的水平：它在中国地理著作第一次记录波继罗（即帕米尔），且说"其地最高"（见《大唐西域记》，下同）；它第一次定量地记述地壳上升现象，指出迦毕试国（位今阿富汗境内）阿路猱山在上升，"其峰每岁增高数百尺"；它第一次记载了雪崩现象，也第一次记录人的说话声可能引发雪崩；对中亚、南亚138国地理和历史的详细记述，超过了玄奘之前的任何著作，同时代的外国著作也很难与它相比，其中对印度地理学、历史学的贡献尤大。季羡林说过："我们几乎找不到一本讲印度古代问题而不引用玄奘《大唐西域记》的书。"[④]被誉为一部稀世奇书[⑤]。两志是《元和郡县图志》和

---

① 曲安京等.《中国古代数理天文学探析》. 第281～288页. 西安：西北大学出版社. 1984.
② 杜石然主编.《中国科学技术史·通史卷》. 第456～459页. 北京：科学出版社. 2003.
③ 杜石然主编.《中国科学技术史·通史卷》. 第434页. 北京：科学出版社. 2003.
④ 季羡林等.《大唐西域记校注》. 前言. 第135页. 北京：中华书局. 1985.
⑤ 郦隶彬.《大唐西域记》. 前言. 上海：上海人民出版社. 1977.

《海涛志》。唐李吉甫编纂的《元和郡县图志》，42卷，现存34卷，图已佚，故名《元和郡县志》，是中国现存最早的地理总志，所开创的体例为后世总志沿用；其史料价值很高，所引用百余种书籍、碑记多已失传，所载与《旧唐书》《新唐书》不同者，经学者考证多以该书作为依据。窦叔蒙的《海涛志》，又名《海峤志》，是中国现存最早的潮汐学专篇，它系统地论述了海洋潮汐的运动规律、海洋潮汐形成的原因，创立推算高低潮的图表法，为中国古代潮汐理论长期领先于世界奠定基础。

(c)算学成果。一是开创算学教授，唐承袭隋代在国子监（相当国立大学）设算学馆，在科举考试中增设明算科。二是李淳风等奉诏编撰并注释《算经十部》，包括汉《周髀算经》（含赵爽注）、《九章算术》（含刘徽注），三国魏刘徽《海岛算经》，南北朝《孙子算经》《夏侯阳算经》《张丘建算经》和甄鸾《五曹算经》《五经算经》及祖冲之的《缀术》（宋代佚，由《数术拾遗》替代），唐王孝通《辑古算经》。这是集大成的工作，系统地保存了汉唐千余年间中国算数的成果，亦为宋元算学有新的发展奠定了基础。三是《辑古算经》的问世，王孝通著于唐初（约7世纪初），数学史学家认为它是《九章算术》的续编，解决了一些复杂的土方工程和勾股问题，都需要用三次或四次方程给予解决，是《缀术》失传后中国最早记载这类方程式的著作[1]。

(d)农学成果。唐代农业高度发展，天宝八年（749年）国家仓储粮食达1亿石，7世纪中叶唐政府拥有70.6万匹马[2]。农学研究成果丰硕，出现中国最早的官修农书《兆人本业》（佚）、中国第一部农具著作《耒耜经》，仅农书不下20种[3]。突出的成果是一犁两书：一犁是江东犁的发明，适应南方稻田整地作业而产生，它改直辕犁的直辕为曲辕，

---

① 陈远等主编.《中华名著要籍精诠》.第12～13页.北京：中国广播电视出版社.1944.
② 杜石然主编.《中国科学技术史·通史卷》.第392、399页.北京：科学出版社.2003.
③ 杜石然主编.《中国科学技术史·通史卷》.第400～401页.北京：科学出版社.2003.

克服"回转相妨"缺点，增设犁盘、犁枰；把原来相连的犁梢和犁底分离，从而适应水田耕作技术的需要。江东犁等农具的出现，标志着传统的南方水田耕作技术体系的初步形成。两书是保留至今的《茶经》《司牧安骥集》。《茶经》，陆羽著，3卷，成于8世纪70年代。它全面总结了唐以前种茶经验、烹茶和饮茶方法，首次提出茶树有灌木型、乔木型之分，顶生芽叶有笋、芽之分；首次把种茶土壤分为"上、中、下"三等；它是中国最早的茶叶专著，亦是世界上第一部茶叶著作。《司牧安骥集》又名《安骥集》，李石主编，汇集初唐及之前的兽医学论著编纂而成。收录的《伯乐针经》是中国现存最早的兽医针灸文献，所列的穴位至今在兽医临床上广为使用；所收4篇五脏论是中兽医脏腑学说、经络学说的经典著作，宋代至今的中兽医书籍多以其为理论依据；收载的《安骥药方》《蕃牧纂验方》，不少至今仍在临床应用；马病的诊断和防治，是本书的核心，一些诊治方法至今仍有价值。它是中国第一部中兽医学专著，

（e）医学成果。唐朝的医学成果着重于养生、治疗。因而偏重于医方和本草的发展。医方类方面有两部代表作：一是孙思邈的《千金方》，二是王焘的《外方秘要》。最有影响的《千金方》，包括《千金要方》和《千金翼方》，都因"人命至重，有贵千金"（《旧唐书·孙思邈传》），故名。《千金要方》又名《备急千金要方》，30卷，233门，方论5000首，40多万字，约成于652年。它名为"要方"，实是集唐以前医学成果之大成，系统总结了《黄帝内经》以后至唐初的医学成果，对疾病的认识和治疗都达到新的水平，且奠定中医疾病分科的基础，奠定中医伦理学的基础，奠定科学的养生术，极大地推动了中医学的发展，被医学史研究者誉为中国历史上第一部临床医学百科全书[①]。《千金翼

① 陈远等主编.《中华名著要籍精诠》. 第143~144页. 北京：中国广播电视出版社.
1944.

方》是《千金要方》的续编，25万余字，189门，2900首方论，成于682年，是《千金要方》之后30年医学成果的系统总结。本草类方面亦有两部代表作，一是官修的《新修本草》，二是陈藏器的《本草拾遗》。最有影响的《新修本草》，又称《唐本草》，苏敬等撰，包括本草、药图、图经（释）三部分，54卷，成于659年，是在陶弘景《本草经集注》基础上扩充而成，新增114种药物，使全书药物达850种。它首创本草书籍刊登药图的体例，大大提高了本草书籍的正确性与学术性；它由国家组织编修，国家颁布，精确性高，权威性大，不但是中国而且是世界上第一部由国家组织编修和颁布的药典，比欧洲最早的《纽伦堡药典》（1542年）早800多年，在世界药学史上占有重要地位[1]。

唐代孕育了一批医学家，杨上善、王冰、王焘、苏敬、陈藏器等，最突出的是医学大家孙思邈。孙氏，京兆华原（今陕西耀县）人，自幼学习经史百家著作，尤热衷医学知识。青年时期开始行医，医术高明。唐太宗、高宗多次召他，他辞官不受，专事医疗和医学医药著述，著述近百卷，最著名的是总结秦汉以来医学之大成的《千金方》。他对待病人，不管贫富老幼、善友怨人都一视同仁，无论风雨寒暑、饥渴困劳都有求必应，一心医救，深为百姓崇敬，成为中医伦理学的奠基人。鉴于他对医药的巨大贡献，后人尊他为药王；在清代，其故乡的山更命名为药王山，山上树其像、立其碑[2]。

综上而述，唐代在天学、地学、算学、农学、医学等诸多方面都有总结前人成果、开启后代成就之作，每一门学问上都取得相当"辉煌"的成就，更何况现有资料表明中国古代的四大发明有三项始于唐代，因此中国古代科学技术和自然国学的高峰期不能不包括唐代。

---

① 陈远等主编．《中华名著要籍精诠》．第143页．北京：中国广播电视出版社．1994.
② 《中国大百科全书·中医》卷．第314~315页．北京：中国大百科全书出版社．2000.

二、 明代不能置于高峰期外

明代先进的造船技术，造出当时世界上最大、最先进的木帆船，又有先进的航海技术（过洋牵星术，即古代远洋定位技术等），支撑郑和七下西洋，写下人类大规模远洋航行的壮丽篇章。明代有先进的冶金技术，在采矿、冶金、制钢、铸造和锌的冶炼等方面一直居于世界先进行列[①]。1406～1421年建成当代世界现有最大的宫殿建筑群——故宫，标志中国木结构建筑技术进入一个新阶段；全长12700多里明长城的建成，标志中国砖结构建筑技术进入一个新的高度。明代园林出现过两次高潮[②]，江南园林正式形成；明末出现中国第一部园林专著《园冶》（作者计成），标志中国园林亦成为一门学问。更有影响的是晚明出现的六大科技名著，《中国大百科全书》因此把晚明定为中国古代科学技术发展的第三次高峰。该书是这样描述的："医药学和博物学家李时珍的《本草纲目》（1587年）提出了接近现代的本草学自然分类法，该书不仅为其后历代本草学家传习，并传到日本和欧洲诸国，被生物进化创始人C．R．达尔文等现代科学家引用。音律学、数学家和天文学家朱载堉的《乐律全书》正确地解决了十二平均律的理论问题，领先法国数学家和音乐理论家M．梅森半个世纪，并受到德国物理学家H．von亥姆霍兹的高度评价。天文学家、农学家徐光启的《农政全书》（1639年）对农政和农业进行系统的论述，成为中国农学史上最为完备的一部集大成的总结性著作。县学教谕和科技著作家宋应星的《天工开物》（1637年）简要而系统地记述了明代农业和手工业的技术成就，其中包括许多世界首创的技术发明，从17世纪末就开始传往海外诸国，迄今仍为许多国内外学者所重视。旅行家和地理学家徐弘祖的《徐霞客游记》描述了百余

---

① 杜石然主编．《中国科学技术史·通史卷》．第716页．北京：科学出版社．2003．
② 史仲文、胡晓明主编．《中国全史（百卷本）》．第16册．《中国明代科技史》．第188～191页．北京：人民出版社．1994．

种地貌形态，在喀斯特地形的结构和特征的研究领域领先世界百余年。吴又可在其《瘟疫论》（1642年）中提出的'戾气'概念，距200年后法国化学家和微生物学家L．巴斯德的细菌学说只差一步之遥"[1]。这六大科技名著，不但是中国古代（或称古典，同下）科学技术的顶峰，也是世界古代科学技术的顶峰（见本章第三、四节）。因而，明代理所当然地应置于自然国学高峰期中。

三、分期的讨论

根据当前的资料和研究，我们不否认"唐的数学成就及理论水平"、"低于魏晋南北朝"[2]；也不否认"明朝数学明显落后于宋元数学"[3]，然而，不能因唐朝的数学成就不如魏晋南北朝，而抹杀唐朝其他科技方面的辉煌成就。各门学问的发展不可能是一刀齐的，衡量一个朝代的科学技术水平要综合看，不能孤立地看一两门学问或某些方面。例如，科技史界公认是中国古代科学技术发展高峰的北宋，其天学方面成就除天文仪器的制造达到高峰外[4]，天文历法等方面成就并不像前面一些朝代那么辉煌。医学方面亦是如此，纵然北宋是中国古代朝廷中最重视医学的朝廷，北宋皇帝发出的关于医药的诏令多达248条[5]，但北宋没有涌现出类似张仲景、华佗、孙思邈以及金元四大家那样顶尖或著名的医学家，在2000年出版的《中国大百科全书·中医》卷列有20多名古代医

---

① 《中国大百科全书（第二版）》．第29卷．第54～55页．北京：中国大百科全书出版社．2009.

② 路甬祥主编．《走进殿堂的中国古代科技史》上册．第166页．上海：上海交通大学出版社．2009.

③ 路甬祥主编．《走进殿堂的中国古代科技史》上册．第171页．上海：上海交通大学出版社．2009.

④ 路甬祥主编．《走进殿堂的中国古代科技史》中册．第59页．上海：上海交通大学出版社．2009.

⑤ 李经纬．《北宋皇帝与医学》．载《中国科技史料》1984年第3期.

学家，北宋没有一名①；在1992年出版的《中国大百科全书·中国传统医学》卷的中国古代50多名医学家中，北宋仅有一名②。然而，这些并不影响北宋是中国古代科学技术发展高峰的总体评价。事实上正如前述的，唐朝的天文、地学、农学、医学和各门技艺学都在魏晋南北朝、隋朝的基础上有了新的发展，唐代的纺织、造船、矿冶、陶瓷、造纸等手工业技术都达历史最新水平③，尤其是中国古代四大发明三项始于唐朝，充分说明了唐朝科学技术的发达。因而，唐代应置于自然国学的高峰期内。

　　同样，综合考察明代科学技术亦是非常了不起的，尤其是冶金术、造船术、航海术、建筑技术、园林工艺、农业技术等都达到了中国历史上前所未有的水平或中国古代的顶峰；晚期的六大科技著作，不但是中国古代科学技术的顶峰，也是世界古典时代科技的顶峰，而且有的著作已开始具有近现代科学技术的气息。过去我国科技史界对明代的科学技术全面审视不够，对晚明六大科技著作估价不够（见本章第三、四节），这种状况近几年有所改善，因而2009年出版的《中国大百科全书（第二版）》的"中国科学技术史"条（由资深科技史家董光璧撰写），经席泽宗院士（1927～2008）等一批科技史专家讨论和审定，一致认为"晚明"是中国科学技术的第三个"高峰时期"，并写下了这样一段文字："在实证实学思想的影响下，16世纪中叶到17世纪中叶的晚明时期，以综合为特征的一批专著展现了中国传统科学技术第三次高峰。"④很显然，明代是应该置于自然国学高峰期内的。

---

① 《中国大百科全书·中医》卷．目录及相关页码．北京：中国大百科全书出版社．2000．
② 《中国大百科全书·中国传统医学》卷．目录和相关页码．北京：中国大百科全书出版社．1992．
③ 杜石然主编．《中国科学技术史·通史卷》．第390页．北京：科学出版社．2003．
④ 《中国大百科全书（第二版）》．第29卷．第54～55页．北京：中国大百科全书出版社．2009．

第二节 人类古代史上发展的高峰

　　自唐至明（公元618～1644年），这千余年除唐宋之间的五代十国数十年的分裂外，中国基本上处于大一统的社会。这是中国封建社会的昌盛期，其科学技术是中国古代史上的发展高峰，亦成为人类古代史上的发展高峰。

一、学术背景

　　唐代是中国古代文明社会的鼎盛时期，也是当时世界上经济基础最为雄厚、科学文化最为发达的国家。都城长安东西长9721米，南北宽8652米，面积达84平方千米，人口达百万，为当时中国和世界最大城市，亦是古代中国和世界最大城市（世界著名古代大城市，巴格达面积为30.44平方千米，罗马面积为13.68平方千米，拜占庭面积为11.99平方千米[①]），现存的明代长安城仅是唐长安城的七分之一。那时，长安城各国番人云集，番坊林立，他们从事商贸、求学和科学文化交流；独尊儒学变成了儒、释、道并重；又创立羁縻制度处理民族关系，形成"胡越一家，自古未有"的大好局面[②]。由此唐朝全国经济发达，文学繁荣，学术昌盛，创立唐诗，涌现"诗圣"杜甫、"诗仙"李白等代表中国诗歌最高水平的一批诗人；涌现韩愈、柳宗元等一批散文家，他们发起古文运动，创新散文……这一切促使唐代的科学技术发展到一个前所未有的新水平。

　　宋代一方面继承唐朝有效的政策、法规，另一方面又吸取唐朝灭

[①] 中国建筑史编写组.《中国建筑史》. 第36页. 北京：中国建筑工业出版社. 1982.
[②] 孙关龙、孙华.《关于中国古代两种地方政制的初步研究》. 载《"一国两制"研究》（澳门）. 第9期（2011年7月）.

亡的教训，采取一系列措施防止重臣专权、地方割据，加强皇权。从而造成各级政府权力分散，军队兵将分离、将帅分权，导致思想统治的松弛，经济的自由发展，文学艺术的昌盛，学术的多方面探讨。宋词的创立，成就苏东坡、李清照、辛弃疾等一批词曲家；新儒学的兴起，涌现邵雍、张载、程颐、程颢、朱熹等一批新儒家，他们批判汉儒，崇尚新儒，以复兴先秦儒学，包括复兴先秦儒学爱好自然、探讨自然的风尚。这一切促进了科学技术的创新，为宋代及其元、明科技学技术发展创造了条件。

元世祖忽必烈（1215～1294年）是一位唐宗宋祖式的开国皇帝，他于至元八年（1271年）创立元朝，后统一中国，在位期间大力推行唐宗（唐太宗李世民）、宋祖（宋太祖赵匡胤）制定和实施的一整套政策和做法，广用人才，注重农桑，兴修水利，发展经济，采取和睦政策，善待少数民族，把唐宋的羁縻制度发展成为土司制度，在中国历史上第一次把少数民族视为"吾民"[1]。故而，元代的文学艺术有创新，形成元曲等；科学技术在继承唐宋的基础上有新的发展：在宋元算学四大家中占有两家，宋元农学四大家中占有三家，金元医学四大家中也占有席位，还涌现郭守敬等杰出的科学家。

明代虽然独尊程朱理学（即新儒学，后期偏向陆王心学），但当时已有大量资本主义新生产力的萌芽，尤其是晚期西方传教士东来，带来了异域文明，使明代许多知识分子有了新的视野、新的思想、新的主张。例如，李贽（1527～1602年）的"异端邪说"，认为吃、喝、拉、撒、睡是人的自然要求，充分肯定"人欲"；蔑视《论语》《孟子》、"六经"，说历史上的"圣人"是欺世盗名的"商贾"、"穿窬"[2]。所以，明代在文学艺术上颇有创新，四大古典小说（《三国演义》《水浒

---

① 孙关龙、孙华.《关于中国古代两种地方政制的初步研究》. 载《"一国两制"研究》（澳门）. 第9期（2011年7月）.
② （明）李贽.《焚书》.

传》《西游记》《金瓶梅》）诞生，"三言两拍"和《牡丹亭》产生，绘画、书法流派争艳，景泰蓝、明瓷、明漆、明式家具等工艺美术达到中国从未有过的高峰①。所有这些，有力地促进了明代的科学技术的发展及其创新，众多科学技术达到前所未有的中国古代科学技术的顶峰。

二、天学成就

唐代天学成就在本章第一节已有叙述，《大衍历》是中国古代历法中最好的几部之一，僧一行是中国古代杰出的天学家之一。

宋辽金夏时代，创制的历法不少，仅南北两宋就有约23部之多，但没有一部成为标志性的历法。相比之下，值得一提的是南宋杨忠辅的《统天历》，其所定回归年长度为365.2425日，与西方380多年后颁布的格利高历完全一致。杨氏提出回归年长度是不断变化的，古大今小，这是天文学史上一个重要发现，在西方600多年后才被提出②。更值得一提的是沈括曾提出《十二气历》，即用阳历代替中国数千年的阴阳合历。它以十二气为一年，以立春为一年之始，大尽31日，小尽30日，把月相变化注于历中。现采用的公历与十二气历基本一致，但在月份规定上还不及十二气历科学③。可惜，这个科学合理的创议一直未被采用。

两宋时代进行了大量的天象观测。可喜之处有三点，即保存至今的一录一表一星：一录是《宋会要》中北宋至和元年（1054年）五月有星"晨出东方，守天官，昼见如太白，芒角四射，色赤白，凡见二十三日"的记录④。这是一颗爆发的超新星，成为当今射电天文学研究的重

---

① 史仲文、胡晓明主编.《中国全史（百卷本）》第16册.《中国明代艺术史》. 第146页. 北京：人民出版社. 1994.
② 史仲文、胡晓明主编.《中国全史》第12册.《中国辽宋金夏科技史》. 第119页. 北京：人民出版社. 1994.
③ 史仲文、胡晓明主编.《中国全史》第12册.《中国辽宋金夏科技史》. 第118页. 北京：人民出版社. 1994.
④ （清）徐松.《宋会要辑稿》.

要史料，为宋代天象观测的一个突出成就。一表是《灵台秘苑》和《宋史·律历志》中记载的、北宋皇祐年间（1049～1053年）周琮等人测量所得的星表，有星360颗。经现代认证345颗是存在的，这是中国现存的第二份星表（第一份是战国时代石申的《石氏星表》）。一图是南宋苏州石刻天文图，为世界古星图中的珍品，现存苏州文庙；石碑高8尺、宽3.5尺，上为天文图，直径约85厘米，绘有1436颗星，下为文字说明；反映北宋元丰年间（1078～1085年）恒星观测的结果；1190年由黄裳绘制，1247年王致远主持刻碑，距今700多年。①

天文仪器设计制造在北宋有突出的成绩。如大型浑天仪即有6架，每架都在10吨左右。水平最高的是苏颂、韩公廉等于北宋元祐七年（1092年）制成的"水运仪象台"。苏颂专门著有《新仪象法要》一书，介绍这座仪器。它高约12米、宽约7米，是一座上窄下宽的正方形木构建筑；由上层浑仪、中层浑象、下层报时系统三部分组成，由一套传动装置和一个机轮将它们联系起来，用漏壶水冲动机轮，开动传动装置，浑仪、浑象、报时装置一起转动起来。浑仪可以自动地跟踪天体，是后世转仪钟的雏形；浑象和报时装置亦可自动显示天象和报时。台顶由9块屋面板构成，可随意组装和拆除，是近代天文台的先声。它集浑仪、浑象、圭表、计时与报时等仪器于一身，是世界上最早的天文钟。其恢弘的规模、巧妙的设计和众多的创新，显示了中国古代天文仪器设计和制造的高超水平。苏颂的《新仪象要法》是中国现存的最早的天文仪器专著，亦反映了宋代在机械制造方面所取得的重大成就。

元代，是中国传统天学发展的顶峰，亦是当时世界天文学发展的最高水平②。表现在天文台的兴建和天文仪器的制造、开展空前的天文测量

① 史伸文、胡晓明主编．《中国全史（百卷本）》．第12册．《中国辽宋金夏科技史》．第115～117页．北京：人民出版社．1994．
② 史伸文、胡晓明主编．《中国全史（百卷本）》．第14册．《中国元代科技史》．第16页．北京：人民出版社．1994．

工作、制定中国历法史上有里程碑价值的历法《授时历》。

①天文台的兴建和天文仪器的制造。元代先后在上都（今内蒙古正蓝旗境内）、大都（今北京）、登封（今属河南），以及今南京、杭州等地设立天文台和观象台。其中，大都天文台（位于今北京古观象台北）是当时世界上规模最大、设备最完善、管理最科学的天文台之一；登封天文台又名观星台，遗址保存完好，在今河南登封县告成镇，建于1276年，至今700多年，是中国和世界重要的天文遗址[1]。

天文仪器的制造达到传统天学发展史上的顶峰。计有简仪、仰仪、候极仪、立运仪、证理仪、定时仪、日月食仪、悬正仪、座正仪、圭表、景符等数十种，"皆臻于精妙"，"盖有古人所未及者"[2]。如郭守敬于1276年主持设计制造的简仪，对以往的浑仪进行了重大革新：鉴于过去的浑仪把赤道坐标、地平坐标和黄道坐标交错在一起，影响使用，简仪取消了黄道环（太阳视运动轨道）、白道环（月球视运动轨道），且把地平坐标（由地平圈和地平经圈组成）、赤道坐标（由赤道圈和赤道经圈组成）分成两个独立装置。其中，地平坐标组装置与近代地平经纬仪相当，赤道坐标组装置则是世界上最早的大赤道仪。为便于赤道圈旋转，简仪使用了滚珠轴装置，比意大利达·芬奇发明滚动轴早400多年。简仪的设计制造的水平领先于世界300多年，直到1598年丹麦人第谷发明的仪器才可与简仪媲美。西方天文学家德雷尔曾说："中国13世纪已有第谷式赤道浑仪，更惊人的是他们还有同第谷用以观测1585年彗星以及观测恒星和行星的大赤道浑仪相似的仪器。"[3]

②空前的天文测量。至元十六年（1279年）郭守敬主持了规模空前的、史称"四海测验"的全国天文测量工作。这次测量的范围南从位于

① 史仲文、胡晓明主编.《中国全史（百卷本）》.第14册.《中国元代科技史》.第17~18页.北京：人民出版社.1994.
② 《元史·天文志一》.
③ （英）李约瑟.《中国科学技术史》（中译本）.第4卷.北京：科学出版社.1975.

北纬15⁰的南海测景所占城（今越南南方）起，北抵位于北纬65⁰的北海测景所（位于今西伯利亚中部，已到北极圈附近），东至高丽（治今朝鲜开城），西达西凉州（治今甘肃武威）、和林（治今乌兰巴托西）、铁勒（治今贝加尔湖西），范围之大在中国历史上空前，在世界历史上也是空前。测验内容，不但有北极出地高度，还有夏至晷长、昼长、夜长等，内容历代最丰富。郭守敬选择了包括今北京、太原、西安、开封、蓬莱、成都、扬州、武汉、衡阳等27个观测点，观测地点的数量在中国历史上亦为最多。精度也是以往没有过的，如对二十八宿每一宿之间的距离　（称为距度）的测定，过去误差较大，北宋年间平均为9′的误差，郭守敬这次所测距度误差仅平均为4.5′，比宋代精确度提高一倍[1][2]。

③里程碑的《授时历》。郭守敬、王恂等编制的《授时历》于至元十八年（1281年）颁行，它是中国历法有史以来"推验之精，盖未有出于此者也"[3]（《元史·历志一》），即最为精确、最为先进的历法；沿用400多年，亦是中国流行时间最长的历法。它精确测定并采用一回归年为365.2425日，与现代测定值365.24219日一年仅差0.00031日；朔望月长度为29.530593日，与真值仅差0.000004日；黄赤交角为23°33′23″，与真值仅差1′4″[4]。编历中创立垛叠招差术，首用等间距三次差内插法计算日、月、五星的运动和位置；又创立矢割圆术，用中国独特的球面三角法计算黄赤道差和黄赤道内外度，使历法更趋精确。正如清代数学家、天文学家梅文鼎在《古今历法通考·序》中所言："授时历集古

① 吴守贤、全和钧主编．《中国天文学史大系·中国古代天体测量学及天文仪器》．第261～264页．北京：中国科学技术出版社．2009.
② 史仲文、胡晓明主编．《中国全史（百卷本）》．第14册．《中国元代科技史》．第19～20页．北京：人民出版社．1994.
③ 徐振涛主编．《中国天文学大系·中国古代天文学词典》．第77～78页．北京：中国科学技术出版社．2009.
④ 《中国大百科全书·地理学》卷．第126～127页．北京：中国大百科全书出版社．1990.

今之大成"，中国传统古历"未有精于授时历者也。"

明代一直沿用《授时历》，不过名称改为《大统历》。至明末在徐光启等领导下，聘请西洋传教士编译较为系统介绍欧洲天文学的巨著《崇祯历书》。

三、地理学成果

自唐至明是中国的传统地学发展的高峰，主要表现为沿革地理成为一门学问，实地考察成果丰硕，域外地理成果显著，海潮研究学派林立，传统地图编绘进入高峰，新地理学萌芽。

①沿革地理。此时期沿革地理著述相当多，其中宋代王应麟的《通鉴地理通释》和税安礼的《历代地理指掌图》问世，标志沿革地理成为一门学问。

②实地考察。唐代颜真卿在江西南城县麻姑山顶发现螺蚌壳化石，正式提出海陆变迁"沧海桑田"之说；窦叔蒙通过实际观察，成就中国现存最早潮汐专篇《海涛志》，书中首创潮汐表，比欧洲现存最早的潮汐表"伦敦桥涨潮时间表"（1213年）早400多年[①]；玄奘长途跋涉5万余里，把"见不见迹，闻未闻经，穷宇宙之灵奇"记录下来，成就名著《大唐西域记》。北宋王延德出使高昌（位今新疆吐鲁番盆地）写成《西州程记》（又名《高昌行记》），首次较系统地记述沙漠景观；沈括视察太行山见"螺蚌壳"、"鹅卵石"，提出"昔之海滨"说，并最早正确地指出华北平原成于黄土泥沙沉积。南宋范成大在实地考察中写成《桂海虞衡志》，首次记述峨眉山植被的垂直分布，提出钟乳石成因的"石液凝结"说；周去非把在桂林任官时的见闻写成《岭外代答》，系统记述秦以来岭南地区的历史地理等珍贵史料。元代耶律楚材把西征

---

① 史仲文、胡晓明主编.《中国全史（百卷本）》. 第14册.《中国元代科技史》. 第17~18页. 北京：人民出版社. 1994.

中亚的见闻写成了《西游录》，是13世纪中亚历史地理最早、最重要的书籍；汪大渊两次过洋远游，记其目所及，成为《岛夷志略》。明代王士性足迹全国，将见闻写成《五岳游草》《广志绎》等；实地考察成果最丰的是徐霞客，因而他成为中国传统舆地学史上最为耀眼的舆地学家（见本章第四节）。

③域外地理。较著名的有：唐代玄奘足遍天竺的《大唐西域记》，义净旅游南亚的《大唐西域求法高僧传》《南海寄归内法传》，杜环第一个到达埃及并写下的《经行记》等；宋代王继业的《西域行程记》，丘处机等的《长春真人西行记》，赵汝适的《诸蕃志》等；元朝耶律楚材的《西游录》，周达观的《真腊风土记》，汪大渊的《岛夷志略》等。明代巩珍的《西洋番国志》，费信的《星槎胜览》，马欢的《瀛涯胜览》等。其中，最具地理价值的是《大唐西域记》《岛夷志略》。前书本章第一节已有介绍，故此处介绍后书。

《岛夷志略》共载100条，3万字。作者是元代航海家汪大渊。汪氏"少负奇气"、"足迹几半天下"，以"海外风土，国史未尽其蕴"，两次附舶出游东西洋，将"其目所及，皆为书以记之"（以上出处见《夷岛志略·吴鉴序》），写成该书。他足迹菲律宾群岛、东印度群岛、中南半岛、印度沿岸，远到波斯湾、阿拉伯半岛麦加等地，最远到达东非沿岸，"游踪之广远，在清代中叶以前，可居前列"。该书是他游历的实录，记录所涉国家和地区220多个，其"史料价值很高"，"超过宋、明诸作"[1]。

④海洋潮汐研究。该时期是中国海洋潮汐研究高峰时期，据不完全统计，专篇即有唐代窦叔蒙的《海涛志》、封演的《说潮》、卢肇的《海潮赋》及《序》等，五代丘光庭的《海潮论》，宋代张君房的《潮说》、燕肃的《海潮论》、余靖的《海潮图序》、马子严的《潮汐

---

[1] 苏继庼.《岛夷志略校释·前言》. 北京：中华书局. 1981.

说》、朱中有的《潮赜》、吕昌明的《浙江四时潮汐图》等；明代宣昭的《浙江潮候图说》、王佐的《潮候论》、陈天资的《潮汐考》等。分别提出"月潮论"（月亮引起潮汐）、"日潮论"（太阳引起潮汐）、"日月潮论"（月亮、太阳共同引起潮汐），以及钱塘江口的涌潮（又称怒潮）理论，编制富有实用价值的潮汐表、潮候图等。这些在当时都处于世界领先地位。李约瑟指出："在十一世纪中，即在文艺复兴以前，他们（指中国）在潮汐理论方面一直比欧洲人先进得多"；"在近代以前，中国对潮汐现象的了解和兴趣总的说来是多于欧洲人的"[①]。

⑤地图的编制。这时期是中国传统地图编绘的高峰时期，现存最早的计里画方地图为南宋绍兴六年（1136年）刻石的《禹迹图》；现存最早的世界地图为南宋绍兴六年刻石的《华夷图》；现存最早的全国行政区划图是北宋宣和三年（1121年）编绘的《九域守令图》；现存最大的石刻城市地图为《静江府城图》，约绘制于南宋咸淳八年（1272年）；现存最早的历史地理图集是税安里的《历代地理指掌图》，成于北宋年间约1098～1100年；现存古代最精确的城市碑刻地图为《平江图》，绘于南宋绍定二年（1229年）；中国现存最早的综合地图集为《广舆图》，约编制于明嘉靖二十年（1541年）前后；中国现存最为完整的海图是明初《郑和航海图》，也在世界上开创使用航海图的先河；中国现存最大的世界地图是《大明混一图》，约绘于明代洪武二十二年（1389年）等。还有佚失了的著名地图如唐代贾耽的《海内华夷图》，元代朱思本的《舆地图》。《舆地图》长广各7尺，以中国为主体，外国为副，内容较详，图形较为准确，系统使用图例、符号，成为元、清初各代编绘总图的范本。作者朱思本是继裴秀、贾耽之后，对中国传统地图发展作出重要贡献的人物[②]。明代罗洪先继承、发展裴秀至朱思本的成

---

① （英）李约瑟．《中国科学技术史》（中译本）．第4卷．第757～786页．北京：科学出版社．1975．

② 《中国大百科全书·地理学》卷．第109、302页．北京：中国大百科全书出版社．1990．

就，在《舆地图》的基础上，编绘成中国现存最早的综合地图集《广舆图》。图集采用划一的24种图例符号，以几何图像替代象形图案，开创运用几何图案表示地形地物的先例。罗氏与西方地图集的先驱G．墨卡托（Gerardus Mercator，1512～1594年）都以地图集的形式，分别总结东、西方地图的历史成就，承前启后，对后代地图的发展影响数百年[①]。

⑥新地理学萌芽。在资本主义萌芽的影响下，明代一些学者在以往实地考察的基础上，敢于突破旧的束缚，自觉深入实际进行考察研究，使中国舆地学前进一大步，萌发出实地考察、研究自然规律的新方向。其代表人物是徐霞客（详见下节）。

四、算学成果

这是中国传统算学发展的高峰时期，尤其是宋元时代出现秦、李、杨、朱数学四大家。也是世界中世纪数学史上最辉煌的成果。其成果远远地超过同时代的欧洲，其中高次方程数值解法早于西方600年，多元高次方程组解法、一次同余式解法均早于西方500多年，高次有限差分法早于西方400余年[②]。

宋元数学四大家是南宋秦九韶（1202～1261年）、金元之间的李治（1192～1279年）、南宋末杨辉（生活于13世纪中晚叶）、元代朱世杰（生活于13世纪末、14世纪初）。

①秦九韶。其数学名著是《数书九章》，成于1247年，书中最为突出的成就是高次方程数值解法和一次联立同余式解法。高次方程数值解法的基础理论和方法，是北宋数学家贾宪创立的。贾宪首创"开方作法本源图"，给出了二次高次方展开式的各项系数和这些系数的求解法。这个图因是三角形数表，故俗称"贾宪三角"。欧洲直到16世纪和17世

---

① 《中国大百科全书·地理学》卷．第520页．北京：中国大百科全书出版社．1990．
② 杜石然主编．《中国科学技术史·通史卷》．第575页．北京：科学出版社．2003．

纪才提出这个图表，由德国数学家阿皮纳斯（Apinnus）于1527年和法国数学家B．帕斯卡（Blaise Paslal，1623～1662年）于1665年提出，称为"帕斯卡三角"，比中国晚600多年[1][2]。秦九韶在贾宪基础上，以增乘开方法求解高次方程正根，首创正负开方术，用这种方法解决了26个方程，包括一个十次方程。这是一项杰出的创造，欧洲意大利数学家P．鲁菲尼（Paolo Ruffini，1765～1822年）于1804年、英国数学家霍纳（Horrur，1786～1837年）于1819年提出，晚于中国约600年。秦九韶的"大衍求一术"，是中国古代求解联立同余式方法。该问题是由南北朝时《孙子算经》提出的一个世界性名题，是秦九韶首创其算法，并把它从简单的数据推广到所有整数，以至分数、小数。欧洲是在500多年后，才由瑞士数学家L．欧拉（Leonhard Euler，1707～1783年）、德国数学家C．F．高斯（Carl Friedrich Gaussie，1772～1855年）对联立一次同余式展开较为深入研究[3][4]。

②杨辉。编著数学书5种、21卷：《详解九章算法》（12卷，1261年）、《日用算法》（2卷，1262年）、《乘除通变本末》（3卷，1274年）、《田亩比类乘除捷法》（2卷，1275年）、《续古摘奇算法》（2卷，1275年）。后3种著作一般合称为《杨辉算法》。杨在书中创用"纵横图"一名（即现今的幻方，古称"九宫"），并作纵横图13幅，对纵横图的构成规律已有所发现和概括，这是前代的数术所未有的；继沈括开创高阶等差级数研究的"隙积术"后，开展"垛积术"研究，列有三角垛、四隅垛、方垛垛级数求和公式，把高阶等差级数研究推进一大步；创造"相乘大法"等新的乘除捷法，化多位数的相乘为一位数的连乘，化乘法运算为加减法运算，把古代乘法的上、中、下三层运算变在

① 杜石然主编．《中国科学技术史·通史卷》．第575～577页．北京：科学出版社．2003.
② 《中国大百科全书·数学》卷．第360、502页．北京：中国大百科全书出版社．1988.
③ 杜石然主编．《中国科学技术史·通史卷》．第576～581、585～586页．北京：科学出版社．2003.
④ 《中国大百科全书·数学》卷．第535页．北京：中国大百科全书出版社．1988.

一个横行里进行等，大大提高了运算的速度和准确性；而且刘益把"正负开方术"推广到一般的高次方程，这是数学史上的重大突破[①]。

③李治。著有《测圆海镜》（12卷，1248年）、《益古演段》（3卷，1259年）数学著作。主要贡献有两点：（a）创立天元术，即设"天元"为未知数，根据已知条件列出两个相等的多项式，经相减得出一个高次方程（天元开方式）。天元术的出现解决了一元高次方程式列方程的问题，只需用符号表示，在代数中引入未知数符号，是中国传统算学的一个重要创造，是符号代数学的开端。（b）发展勾股形解法，把勾股形分成14个相似的小勾股形，然后提出692个几何公式和9种容圆公式，在几何图形研究上，无论是内容上、方法上都有突破[②]。

④朱世杰。著有《算学启蒙》（3卷，1299年）、《四元玉鉴》（3卷，1303年）。朱氏集中国传统算学包括宋元数学之大成，把中国传统算学发展到顶峰。（a）在中国算学史上，首次提出正负数的乘除法法则。（b）首创高次招差公式。在沈括、杨辉成果基础上，深入系统地研究垛积招差问题，提出高次招差公式，与约400年之后英国科学家I. 牛顿（Isaac Newton，1642～1727年）研究提出的公式完全一致，把高阶等差级数研究提高到一个新阶段。（c）首创四元术。把天元术迅速扩展到多元高次方程组，创立四元方程，这是中国也是世界最早的多元多项式运算，并创立一整套多元多项式运算方法。西方直到1779年才由法国数学家E. 贝祖（Etienne Bezout，1730～1783年）提出类似的系统解法，晚400多年。清人阮元指出：朱世杰的工作"皆足上下千古"，"兼包众有，充类尽量，神而明之，尤超越乎秦（九韶）李（治）两家之上"（《畴人传·续编》）。美国最著名的科学史家G. 萨顿（George Alfred Leon Sarton，1884～1956年）认为：朱世杰"是他所生存时代的，同

---

① 杜石然主编.《中国科学技术史·通史卷》. 第579页. 北京：科学出版社. 2003.
② 《中国大百科全书·数学》卷. 第437～438页. 北京：中国大百科全书出版社. 1988.

时也是贯穿古今的一位最杰出的数学家";他的《四元玉鉴》则是"中国数学著作中最重要的一部,同时也是整个中世纪最杰出的数学著作之一"①②。

五、农学成果

前已叙唐代农业生产发达,促进了农学的大发展。宋元明的农业生产达到新的水平,表现为土地利用出现了一系列新形式,包括圩田的普遍开发,梯田、架田的出现,桑基鱼塘的形成和发展,对盐碱地、冷浸田、海涂、低产田等改造和利用;粮食构成有重大变革,从唐代以前"北粟南稻",到唐宋元时代的稻粟麦三分天下,并新增荞麦(唐代开始普遍种植)、高粱(宋元开始普遍种植),明代又引种甘薯、玉米、马铃薯;农业技术上出现"地力常新壮"论、"粪药"说、"风土"论、无土栽培、食用菌培养、花卉嫁接技术、果树嫁接技术、新的育种技术等;农具不断创新和完善,包括江东犁出现、北方旱地农具配套定型、南方稻作农具配套定型等;农田水利事业的发展、精耕细作的完善和发展,使中国当时的农业生产达到中国历史上前所未有的水平,也成为世界农业生产中心。因而,促使农学达到中国农学史上的高峰。农学著述除前述唐代的外,宋元明代主要是宋元农学四大家的著述和徐光启的《农政全书》。徐光启的《农政全书》我们在本章第三节中介绍,在此则叙述宋元农学四大家的著述。

宋元农学四大家及其代表作是:南宋陈旉(1076~?),代表作《陈旉农书》;元代孟祺等为代表的司农司,代表作《农桑辑要》;元代王祯(13世纪末、14世纪初),代表作《王祯农书》;元代鲁善明(13世纪末、14世纪初),代表作《农桑衣食撮要》。

① 杜石然主编.《中国科学技术史·通史卷》.第576~585页.北京:科学出版社.2003.
② 《中国大百科全书·数学》卷.第19、491、858~859页.北京:中国大百科全书出版社.1988.

①《陈旉农书》。作者陈旉,成于南宋绍兴十九年(1149年)。全书3卷,22篇,1.2万字。上卷,论述农田经营管理和水稻栽培;中卷,叙说养牛和牛医;下卷,阐述桑蚕。重点是上卷。该书的创新价值和农学价值:(a)陈旉之前的农书,多总结北方黄河流域一带的农业生产,此书则是中国第一部反映南方水田农事的专著,对稻田整地、中耕、育秧等技术都有论述,它的成书标志着中国传统水稻栽培技术基本定型。(b)最早提出"土地常新壮"论,针对土地越种越贫的观点,主张"若能时加新沃之壤,以粪治之,则益精熟肥美,其力当常新壮矣"。(c)首次提出"粪药"说,说不同的土壤"治之各有宜",关键是用粪;而用粪则应"视其土之性类,以所宜粪而粪之",因为"用粪犹用药也",一定要因土施肥。(d)重视土地利用,在中国农史上首次用专篇讨论土地利用,强调因地制宜,并依地势高低提出高山、下地、坡地、葑田、湖田五种土地的利用规划。(e)重视蚕桑,在中国农史上首次把蚕桑作为农业一个重要部门加以记载。

②《农桑辑要》。此书是元初专管农桑、水利的中央机构"大司农"组织编写的综合性农书,主持人是大司农的孟祺、张文谦、畅师文、苗好谦等当时的农业专家。成于至元十年(1273年)。它是中国现存最早的官修农书。全书7卷,6.5万多字。其特点或价值如下:(a)在中国历史上第一次将农桑并列,即第一次将蚕桑和棉花等衣料作物的生产放到与粮食作物生产同等重要的地位,也因此书名为《农桑辑要》。(b)提出"风土论",但又不能唯风土论,认为作物在一定条件下是可以引种的,引种的失败要具体分析原因,有风土问题,也有方法问题,不能全归罪于风土;并对过于强调"风土不宜"而阻碍新引进作物推广的唯风土论作了批评。(c)重视新作物记载,与《齐民要术》相比较,新增苎麻、木棉、西瓜、胡萝卜、茼蒿、菾菜、甘蔗等作物,以及养蜂等一系列资料共计有40多项,而且明确注明"新添"。

③《王祯农书》。元代综合性农书,中国古代三大农书之一(另

两部为《齐民要术》《农政全书》）。作者王祯，成于皇庆二年（1313年）。全书13万多字，300多幅图，22卷（按《四库全书》本）。由三部分组成，第一部分《农桑通诀》，即农业通论，6卷；第二部分《百谷谱》，4卷；第三部分《农器图谱》，12卷。该书的主要特点和价值是：（a）在中国第一次将南北农业技术写进农书。（b）《农器图谱》是本书重点，篇幅占全书的五分之四，收集农器具图306幅，分为20门[①]。这是中国第一部农具图谱，无论在数量上还是质量上都是空前的，也是中国现存最早最全的农具图谱，后世农书、类书等记载的农具大多以它为范本。（c）继承发展"粪药"学说、"地力常新壮"论等农论，指出："所有之田，岁岁种之，土敝气衰"，"为农者必储粪杇以粪之，则地力常新壮而收获不减"，"田有良薄，土有肥硗，耕农之事，粪壤为急"，"粪田之法，得其中则可，若骤用生粪乃布粪过多，粪力峻热即烧杀物，反为害之"。

另，在《杂录》部分收有《创活字印书法》一文，记录王祯创造木活字、发明转轮排字架的宝贵资料。

④《农桑衣食撮要》。著名的月令体农书，成于延祐元年（1314年），作者是维吾尔族农学家鲁善明，两卷，约11000字，208条。其特点：（a）实用，该书以12个月为序，记载农事等，简明易晓，既不引经据典，又无繁琐考证，且突破月令旧例，很少写堪舆迷信内容。（b）内容丰富，"凡天时、地利之宜，种植、敛藏之法，纤悉无遗，具在是书"（《自序》）。它是中国古代一部优秀的月令农书。

六、医学成果

这是中国传统医学发展的顶峰时期。本草学方面，从唐代的《新修本草》，到宋代的《图经本草》《证类本草》，直到本草学的顶峰——

---

① 杜石然主编.《中国科学技术史·通史卷》. 第573页. 北京：科学出版社. 2003.

明代李时珍的《本草纲目》。针灸学方面，宋元有王维一、滑寿两大家，王著有《铜人腧穴针灸图经》，并设计监制有两具最早的针灸铜人；滑寿著有《十四经发挥》，至今日本针灸学家取穴多以滑氏为标准。明代有杨维洲的《针灸大成》。宋、元时期伤科治疗发展到新的阶段，以危亦林的专著《世医得效方》为标志。1247年中国第一部系统的法医学著作《洗冤录》（宋慈著）成书，它比西方最早的意大利F．菲德里（Fartunato Fedeli）于1602年写成的法医学著作早350多年[①]。方剂学方面，有唐代的《千金方》，宋代的《圣济总录》《和剂局方》，明代的《普剂方》；《普剂方》收方61739首，是现存古方书中规模最大者。诊疗方面，有金代刘河间的《素问玄机原病式》、张子和的《儒门事亲》；蒙元时期李东恒的《脾胃论》；元代朱震亨的《格致余论》；明代王肯堂的《证治准绳》、江瓘的《名医类案》、张景岳的《景岳全书》、吴有性的《温疫论》。

这时期少数民族医学获得较大发展，突出的是蒙古医学（简称蒙医）、藏族医学（简称藏医）、维吾尔族医学。它们成为中国医学的重要组成部分。

这个时期医学大发展所显露的一个突出的医学现象，是分科越来越细。唐代分为四科：医科、针灸科、按摩科、咒禁科；宋代分成九科：大方脉科、风科、针灸科、小方脉科、眼科、产科、口齿咽喉科、疮肿兼折疡科、金镞书禁科；元代则增至十三科：大方脉科、风科、针灸科、小方脉科、眼科、产科、口齿科、咽喉科、正骨科、金疮肿科、杂医科、祝由科、禁科。

在上述基础上，这时期医学理论研究进入一个崭新阶段，最具代表性的是金元医学四大家和吴有性创立的温病说。后者在下节介绍，此处

---

① 陈远等主编．《中华名著要籍精诠》．第159～161页．北京：中国广播电视出版社．1994．

介绍金元医学四大家。它们是金代刘河间、张子和，蒙元时期李东恒，元代朱丹溪。

①刘河间（约1120～1200年）。又称刘完素、刘守真，金代医学家，为金元医学四大家之首。刘氏受运气学说的影响，强调六气（天之六气为风、寒、暑、湿、燥、火，地之六气为雾、露、雨、雹、冰、泥）致病的影响，提出六气之中"火"为最重要的致病因素，并认为六气都可以化为"火"，因此得出结论绝大多数疾病都是由"火"所致，治病时期应以寒凉为主，用药多寒凉。他发展了伤寒学说，力倡以寒凉治温热，给中医治热病另辟一途，创立寒凉派，又称河间学派。著有《素向玄机原病式》《伤寒直接》《医方精要》等10余种医术。其影响很大，创立攻下派的张子和是其弟子，创立滋阴派的朱丹溪是其三传弟子。

②张子和（约1158～1228年）。又称张从正、张戴人，金代医学家，金元医学四大家之一，刘河间弟子。继承刘河间，用药多寒凉，主张六气致病主要是"邪气"侵入人体的结果，所以提出治病应以汗、下、吐三法为主。凡能使邪从上窍而出者，皆为吐法，如呕吐出痰、涕气追泪等；凡能使邪气下行者，皆属下法，如催生下乳、通便利尿等；凡能解表者，皆是汗法，如灸熏针刺、按摩服药等。张氏特别推崇吐、下两法，认为收效最速，故称为"攻下派"，亦称"攻邪派"。著有《儒门事亲》。

③李东恒（1180～1251年）。又称李杲、李明之，金代医学家，金元四大家之一。他根据《内经》四时皆以养胃气为本的理论，提出与刘河间、张子和治调六气的外感作用相反的"内伤"理论，认为各种疾病，包括刘、张所说的外感疾病在内，皆是"内伤"，即体内正气损伤的结果，因而治疗各种疾病，均已补养脾胃之气为主，被称为"脾胃派"，又称"补土派"（五行中脾胃属土）。著有《脾胃论》《内外伤辨感论》《伤寒会要》等。

④朱丹溪（1282～1358年）。又称朱震亨、朱彦修，元代医学家，金元医学四大家之一。是刘河间三传弟子，受刘氏主火论的影响很大，但对"火"的看法与刘氏不同，兼收上述三家之说，提出"相火论"，即内生火热，不是外感火热。认为肝肾相火，相火常有变，常态相火是生命的源泉，"人非此火不能生"。但是，相火越位而妄动，则伤阴耗精，变生各种疾病。针对这种内生火热，朱氏主张用滋阴降火的治疗方法，因此被称为"滋阴派"。著有《格制余论》《局方发挥》《本草衍义补遗》《伤寒论辩》等。

七、技术工艺成果

这一时期是中国传统技术工艺发展的高峰。

①四大发明。其中有三大发明，造纸术、火药、指南针都始于这一时期，并得到很大发展；汉代发明的造纸术也在这一时期进入发展高峰。

（a）造纸术。在唐代和五代十国出现高峰，主要特点是皮纸的广泛使用；发明精致纸笺技术，其中以硬黄纸为代表；出现历史上最负盛名的澄心堂纸。宋代以纤维为原料的竹纸获得大发展。明代是皮纸发展的又一个高峰，其最高成就是形成"宣德纸"（明宣德年间所制纸张的总称）为名的一系列精致纸笺；宣纸（即宣州皮纸）出现，后世又名泾县纸。

古代西方国家长期使用的书写材料是羊皮片、牛犊皮片，古埃及用的是莎草片，古印度等国用树叶，美洲玛雅人等用树皮毡。中国的造纸术引起了世界书写材料的革命，世界各国陆续都改用纸张，促进了科学文化的传播和发展。

（b）印刷术。唐代不但发明雕版印刷，而且雕版印刷技术已相当成熟；宋代发明套印和铜板雕版印刷；明代发明三色乃至五色雕版套印、彩印和版画。宋代出现活字印刷，世界上第一个发明活字印刷的是宋代毕昇，当时为泥活字，比欧洲谷德堡早300多年；元代王祯等发明木活字；明代又先后发明铜活字、铅活字。

（c）火药。唐朝发明火药。宋代在《武经总要》一书中记载有3个世界最早的火药配方；并已广泛用于烟火等，创制世界上最早的火器——突火枪，为世界上最原始的步枪，开创战争史上火器与冷兵器并用的时代。元代用于制造原始火炮——火铳。明代涌现火器专家赵士桢及其火器专著《神器谱》《续神器谱》。直到14世纪后期，中国人制造的火器在世界上独领风骚约400年后，欧洲人才开始认识这种会爆炸的神奇之物。

（d）指南针。唐代发明指南针。很快成为常用定向仪器，北宋风水著作《茔原总录》（1041年）、军事著作《武经总要》（1043年）、科学著作《梦溪笔谈》（1088～1095）、药物著作《本草衍义》（1116年）等记载的广泛性说明了这一点；而且，地球磁偏角的发现，也说明指南针的运用已有相当长的一段时间。据北宋朱彧的《萍州可谈》记载，1099～1102年指南针已被用于航海。指南针在航海上应用，不仅能指明航向，还能测定船舶在海中的位置。这一重大的航海技术的改革，将"原始的航海时代推至终点"，"已预示计量航海时代之来临"[1]，即开创了世界航海事业的新纪元。

四大发明先后西传，传遍世界各地，有力地促进了世界各国文化、科技、社会的发展。著名的科技史家、日本京都大学教授内薮清在1982年指出："中国火药等四大发明的西传，都是在欧洲文艺复兴运动之前，没有中国四大发明的西传，就没有欧洲的文艺复兴运动，而没有文艺复兴运动，也就没有欧洲的近代化。"[2]马克思在1861年说："火药、

---

[1] （英）李约瑟．《中国之科学与文明》．第11册．第438页．台北：台湾商务印书馆．1972．

[2] 路甬祥主编．《走进殿堂的中国古代科技史》中册．第187页．上海：上海交通大学出版社．2009．

指南针、印刷术——这是预告资产阶级社会到来的三大发明。火药把骑士阶层炸得粉碎，指南针打开了世界市场并建立了殖民地，而印刷术则变成新教的工具，总的来说变成科学复兴的手段，变成对精神发展创造必要前提的最强大的杠杆"[1]。英国哲学家F. 培根（Francis Bacon，1560～1626年）在1620年出版的名著《新工具》中认为："这三项发明（印刷术、火药、指南针），已改变了全世界的面貌和世间一切事物的状态，第一项发明是在学术方面的，第二项是在战争方面的，而第三项是航海方面的。这三方面的变化，又在其他方面引来了无数的发明；任何帝国、任何宗教、任何巨人在人世间都没有这些技术发明所带来的影响大。"[2]

②冶金成果。唐宋元明是中国冶金技术发展的高峰时期。主要体现：（a）冶金种类不断增多，明代已能冶炼铁、铜、锡、银、金、铅、锌等。（b）技术不断优化，如燃料从唐代用木炭到宋朝多用煤替代，明朝时又发明炼焦法，改用焦炭；又如鼓风器，在唐代由鼓风木扇替代皮囊，宋代从木风扇发展到木风箱，明朝又采用活塞式风箱等。（c）大型化、规模化，如河北武安出土的明代炼铁炉高1.9丈，内径7尺，外径10尺；遵化铁场在明正德四年（1509年），年产生铁49万斤、熟铁21万斤、钢铁6万斤[3]。铸体也大型化，如五代后周广顺三年（953年）铸的沧州铁狮（现存河北沧县东南古沧州城），高5.3米，长6.8米，宽约3米，重40吨，用铸范409块[4]；明永乐十六至二十年（1418～1422年）铸造的万钧钟，即永乐大钟（现存北京西郊大钟寺），高6.75米，外径3.3米，内径2.9米，重46.5吨，上铸经文约22万字[5]。

① 《马克思恩格斯军事文集》. 第1卷. 第418~419页. 北京：战士出版社. 1981.
② （英）F. 培根著. 关琪桐译.《新工具》. 第114页. 上海：商务印书馆. 1936.
③ ④ 华觉明等编译.《世界冶金发展史》. 第616页. 北京：中国科学技术文献出版社. 1985.
⑤ 路甬祥主编.《走进殿堂的中国古代科技史》下册. 第146页. 上海：上海交通大学出版社. 2009.

中国的冶铜、炼铁不是世界上最早的，但是凭借一系列的、持续数千年的创新，自商至明末中国的冶金技术，包括采矿、冶铜、炼铁、制钢、铸造、锻造等一直处于世界先进行列。

③航海和造船业。目前所知两汉的航线西止于印度，唐及其以后则是大大地扩展了。据《新唐书·地理志》记载，唐时已有"广州通海夷道"，不但从广州经印度半岛、印度洋来到波斯湾，而且贯穿整个印度洋、波斯湾来到非洲东海岸的三兰国（今坦桑尼亚境内）。元朝汪大渊两次出航，横跨印度洋，到达非洲东海岸。明代郑和七下西洋，最远到达非洲东海岸的今索马里、肯尼亚，开创了人类大规模远航的历史，这是世界航海史上的空前壮举。这些航海事件都是造船技术和航海技术发展的结果，这时期中国又先后发明摇龙骨、平衡舵、多桅、多帆、桅杆起落等一系列造船新技术，北宋时已能建造1000多吨的大海船；航海技术方面指南针的应用，天文导航的高超技术都远远地走在欧洲人的前面。

明史专家吴晗在1962年指出：郑和下西洋"规模之大，人数之多，范围之广，那是历史上所未有的，就是明朝以后也没有。这样大规模的航海，在当时世界历史上也没有过"①。

④建筑成果。在中国传统建筑史上，唐朝是一个高峰；明朝又是一个高峰，亦是中国传统建筑最后一个高峰②。在此我们把唐朝至明朝看成是一个持续高峰期，其建筑成果：（a）都城建筑。按科技史专家何炳棣统计，世界古代十大城市③，前五大城市都是中国的，其中第一大古城唐长安城、第二大古城明北京城、第三大古城元大都、第四大古城隋唐洛阳城，都是这个时期建造的（见表）。（b）桥梁建筑。著名的有：唐代

① 吴晗.《明史简述》.第74页.北京：中华书局.1980.
② 路甬祥主编.《走进殿堂的中国古代科技史》下册.第10～16页.上海：上海交通大学出版社.2009.
③ 路甬祥主编.《走进殿堂的中国古代科技史》下册.第146页.上海：上海交通大学出版社.2009.

建的、南宋重修的石质拱桥——金带桥，现位于苏州流澹河上，是中国现存最长的石拱桥，长317米；北宋皇祐五年（1053年）建的长834米的石质梁桥——万安桥，又称洛阳桥，现位于福建泉州市洛阳江与海的交汇处；南宋绍兴八年（1138年）建的中国现存最长的石质古桥——安平桥，又名五里桥，实长2070米，现位于福建泉州市下辖的晋江市的一个海湾上；金代建的石质拱桥——卢沟桥，现位于北京城西南永定河上；明代建的石质拱桥——枫桥，现位于苏州市运河上。这些石质桥梁的建成标明中国桥梁建造从木质为主进入石质为主的阶段。（c）宫殿陵墓建筑。宫殿以唐大明宫（位于长安，即今西安，已毁，现正在复建）、明故宫（位今北京）为代表。明故宫占地72万多平方米，由前三殿、后两宫、东西六宫等组成的一个巨大的建筑群组，是世界上现存规模最大、最为完整的古代宫殿。陵墓建筑以明孝陵（位今南京紫金山）、明十三陵（位今北京昌平天寿山南麓）最为著名，地上建筑与地下建筑融为一

世界古代十大城市（何炳棣统计）＊

位　项	城　　名	面　积（km²）	今国名
1	唐长安城	84.1	中　国
2	明北京城	60.6	中　国
3	元大都	49.0	中　国
4	隋唐洛阳城	45.0	中　国
5	汉长安城	35.82	中　国
6	（古）巴格达城	30.44	伊拉克
7	（古）罗马城	13.68	意大利
8	拜占庭城	11.99	土耳其
9	汉魏洛阳城	9.58	中　国
10	中世纪伦敦城	1.35	英　国

＊近年发现北魏洛阳城面积为53km²，应位居第三，如这样元大都以下名次顺延。

体。体现相当高超的建筑水平，如十三陵之一的明成祖长陵，由陵园入口到墓道长达7千米，沿途有牌坊、碑亭、享殿、石人、石兽等，墓前的祾恩殿双檐红壁，黄琉璃瓦，内有60根金丝楠木大柱，雄伟壮丽。

（d）防御建筑。以现存的明长城和南京明城墙为代表。秦始皇统一中国后，把多国的长城连接起来并进一步修建成为万里长城，以后历代都有修建，唯有明代重筑的长城（全长12700多千米）在规模上能与之相比，而且在工程技术上有很大突破：过去长城都是由夯土或碎石筑成，明长城东半部（山西及以东长城）都用砖砌（局部地段用石砌），石灰浆勾缝。坡度小的地方，砖石随地势平行砌筑；坡度大的地方，采用水平跌落砌筑，砖石砌得十分平整、坚实，不少地段的城墙较为完整地保存至今。这是城防工程技术上一大进步，亦标志中国砖构建筑技术进入一个新阶段。明长城东部墙高约8米，墙基宽约6米，顶宽约5米，墙顶外部设垛口（约高2米），内部砌女墙（约高1米），墙身每隔70米左右修碉楼一座，墙身内部每隔200米左右设有石阶梯。这些设计和技术，既加固了城墙，又便于登城，既便于随时维修，又有利于防守。（e）寺塔建筑。著名的塔建筑有：唐长安（今西安）的大、小雁塔，辽代山西应县木塔，宋代开封铁塔、泉州开元寺双塔，元代元大都白塔（位今北京阜成门内白塔寺），明代内蒙古的五塔寺等。著名的寺庙建筑有：唐代山西五台山的佛光寺，宋代曲阜孔庙、河南登封中岳庙、泉州清凉寺，元代山西芮城永乐宫、西藏日喀则萨迦南寺，明代北京太庙、南京灵谷寺等。（f）民宅建筑。此时期至迟到明末中国民居的风格大致形成：华北四合院，山西、陕西窑洞，江南徽式民居、苏浙四水归堂式民宅，福建土楼，华南干栏式住宅。（g）出现中国和世界最早的建筑专著，宋代李诫的《营造法式》，明代午荣编的《鲁班经》。

⑤纺织成果。唐宋是丝绸发展最为多样化的时代，以最为华丽的丝织品锦为例，北宋就有40多个花色品种，南宋则发展到百余个花色品种，著名的宋锦（产于苏州、杭州等地）、云锦（产于南京）是其中的

代表；单州（今山东单县）出产的薄缣每匹仅重百株（4.125两），薄之如纸，望之如雾。元明是中国纺织史上的重大转折时期，该时段一个重大成就是棉纺技术的普及和发展，从此中国的纺织主要原料从蚕丝、羊毛、麻类转化为棉花，纺织品从主要是丝绸、麻布转化为棉布。黄道婆是推进这一变革的重要技术专家。

⑥瓷器成果。唐宋元明是中国瓷器不断创新的大发展阶段。唐代，白瓷烧制技术成熟；发明釉下彩，烧制出青花瓷；烧制出青瓷中的上品秘色瓷；定窑、耀州窑、钧窑、建窑（建阳水吉窑）、吉州窑、景德镇窑等名窑都创烧于唐代。宋代，除上述创烧于唐代的名窑在宋代获大发展外，又创烧磁州窑、汝窑、龙泉窑等名窑；发明铁锈花等刻花、印花工艺，以及乳光釉、钧瓷釉、梅子青釉、粉青釉、石灰釉等。元明又发明釉里红、斗彩、青花五彩等，从明代开始景德镇成为中国和世界的烧瓷中心，被誉为"瓷都"。

⑦其他技术工艺。机械技术工艺直到17世纪中国仍保持着相当高的水平，并在14世纪出现了中国古代历史唯一一部机械方面的专著。

薛景石的《梓人遗制》（确切说是木质机械技术专著）。

漆器很长时间是中国特有的技术，明代是漆器技术发展的高峰，出现一系列制漆名家，并形成中国现存唯一的古代漆工专著——黄成的《髹饰录》。

园林技术方面前已述明代是高峰，形成江南的苏州园林、北方的以天坛为代表的皇家园林。事实上，从宋朝的李格非《洛阳名园记》、周密《吴兴园圃》等悉知，唐宋时期园林已相当发展。

另外，炼丹术的发展，其他一系列的生产、生活实践，促使这一时期力学、声学、光学、化学、生物学知识的发展。

第三节 晚明六大科技著作

　　《中国科学技术史·通史卷》等书认为，"入明以后……科学技术的发展大都处于停滞不前的状态"，故而把明代的科学技术划归"缓慢发展"时期或"缓滞"阶段[①②]，我们认为其重要原因是对晚明六大科技著作的价值低估了。又如，《中国全史·中国明代科学技术史》这一卷中，有14章48节122部（分），总共184个标目中既没有徐光启、宋应星，又没有《农政全书》《天工开物》。在184个标目中，有20多本著作，但是没有《农政全书》《天工开物》；有15人，但是没有徐光启、宋应星。有《农业科技》章，下有4节8部（分），标目中有《便民图纂》《沈氏农书》，但是没有徐光启和《农政全书》。技术方面章节至少有4章15节37部，在至少56个标目中没有"沈启"、"赵士桢"、"黄成"等，没有宋应星；有《南船记》《髹饰录》等，没有《天工开物》[③]。可见，晚明六大科技著作在一些学者乃至一些科技史学者眼中的地位。我们认为讲中国古代科学技术史或讲自然国学，是不能不讲晚明六大科技著作的。不然，便是重大失误。

　　晚期六大科技著作为李时珍的《本草纲目》、朱载堉的《乐律全书》、徐光启的《农政全书》、徐霞客的《徐霞客游记》、宋应星的《天工开物》、吴有性的《温疫论》。其中李时珍与其《本草纲目》、徐霞客与其《游记》在下一节介绍，此处介绍其余4部著作。

---

① 杜石然、范楚玉等编著．《中国科学技术史稿》上册．前言、下册．第109页．北京：科学出版社．1982.
② 杜石然主编．《中国科学技术史·通史卷》．第699～703、777～779页．北京：科学出版社．2003.
③ 史仲文、胡晓林主编．《中国全史（白卷本）．第16册．《中国明代科学技术史》．目录．北京：人民出版社．1994.

一、《乐律全书》

中外音乐史上的划时代著作，中国古代一部论述自然科学（数学、声学、天文历法、计量）和艺术科学（音乐、乐器、舞蹈）的综合性著作。明代朱载堉著。包括14种书，百余万字，成于嘉靖四十五年至万历二十三年（1566～1595年）。

朱载堉（1536～1611年），是明宗室郑王之子、明太祖朱元璋九世孙。15岁起冤枉受难，长达18年。平反后恢复王公爵位，但他主动让出爵位，专心学术，箪食瓢饮，成就了这部科学巨著。

巨著包括《律学新说》（4卷）、《律吕精义》（20卷）、《乐学新说》《算学新说》《律历融通》附《音义》（5卷）、《操缦古乐谱》《乡饮诗乐谱》（6卷）、《六代七舞谱》《小舞乡乐谱》《二佾缀兆图》《灵星小舞谱》《圣寿万年历》（2卷）、《万年历备考》（3卷）等14种。全书围绕如何计算十二平均律问题在科学上、艺术上进行了全面系统的探讨。中国传统律学是三分损益律，创立于春秋时期，以三分法确定各律相对音高或音程关系的数学方法。具体计算就是把起始音的弦长分为三等分，去其一份（乘以2/3）谓之损，加上一份（乘以4/3）谓之益。依次进行十二次便完成一个八度中的十二各律的数值计算。按照理论要求，当生律十二次后，应得到比基音正好高一倍或低一倍的音。但是三分损益律是不平均律，所生成的相邻两个律之间没有等比关系，有一定的误差，因此生律十三次所得到的音与基音不是倍数，无法还原返宫。为弥补这一缺陷，历代都有不少人进行研究，但唯有朱载堉取得突破性成果，完满地解决了这个探讨了2000多年的难题。他在总结前人经验和教训的基础上，另辟蹊径，创立新法——十二均律。为此，他"别造密律"（《律吕精义·内卷》卷一）。密律指的是"应钟律数"，即十二平均律的公约数，为$\sqrt[12]{2}$数值为1.059463。也就是设基音弦长为1，以下各弦的长度以此为2^{1}、$2^{11/12}$……$2^{1/12}$。朱载堉不仅在世界上首创十二平均律，而且首创了这类等比数列的求解方法，圆满地克服了三分损益法的缺陷，解决了这个千年难题，使每相差八度的音都构成倍数关系，实现了还原返宫，旋宫转调，开创音乐史上的新篇章。

朱氏的这个成果完成于1567～1581年，比欧洲在1636年的法国科学家M. 默森（Marin Mersenne，1588～1648年）提出这个律早数十年。而且，据英国学者李约瑟等人对中西平均律发展史的比较研究，肯定欧洲学术界关于平均律的发明是受《乐律全书》的启发，并指出"第一个使平均律数学上公式化的荣誉确实应当归之于中国"[1]。遗憾的是《乐律全书》在中国的命运远远不如在国外的状况，明代"未及实行"（《明史·乐志》），清代反被诬有"十大罪状"。直到20世纪30年代学者刘复、音乐史家杨荫浏先后发表研究论文，才挖掘出《乐律全书》这个伟大的创造[2][3]。

二、《农政全书》

中国古代规模最大的农书。它全面系统地总结了中国数千年农业科学成果，且吸收东渐的西方农业科学成果，从而成为中国古代最全面系统的农书。明代徐光启编著，成于1639年，60卷，约70万字[4]。

徐光启（1562～1633年），明代科学家、思想家。又称徐子先、徐玄扈，松江（今上海市）人。年轻时家境贫寒，耕读度日。1597年中举人、1604年中进士，官至礼部尚书兼东阁大学士。对农学、天学、算学、测量水利等都有较深入的研究，又是沟通中外文化的先行者、翻译家，还是军事、政治活动家。但他用力最勤的是农学，自小从事耕作；1607～1610

① 戴念祖．《朱载堉——明代的科学和艺术巨星》．第137～138页．北京：人民出版社．1986．
② 刘复．《十二等律的发明者朱载堉》．载《庆祝蔡元培先生六十五岁论文集》．国立中央研究院历史语言研究所集刊外编第1种．上册．第279～310页．北平：1933．
③ 杨荫浏．《平均律算解》．载《燕京学报》1937年第2期．
④ 《中国大百科全书（第二版）》．第25卷．第80页．北京：中国大百科全书出版社．2009．

年在上海家中设小型试验园地，进行甘薯等引种和栽培试验，写了《甘薯疏》《芜菁疏》《种棉花法》等；1613～1618年又两度在天津试办水利及经营农田，种植水稻、桑、甘薯、苎麻、芜菁、药用植物、花卉等，写下《农遗杂疏》《宜垦令》《北耕录》等；1621年起专心研究总结历代农业历史文献，同时进行各种栽培试验，纂写《农政全书》，直到1633年过世。《农政全书》是徐光启毕生从事农学研究的总结。

此书在徐氏过世时尚未定稿，后由陈子龙整理成书，删去约全书的十分之三，增补十分之二，基本保留原书的规模和核心思想。全书虽有90%的篇幅是摘录前人的著录，但都经作者精心剪裁，并纳入一个完整的体系中。该书的主要特点和贡献如下：①全面系统地总结了中国数千年农业科学成果。全书分12门：一为农本，列举数千年重农事言；二为田制，总结历代土地利用方式；三是农事，介绍耕作及其授时、占候；四为水利，讲水利工程、农田灌溉；五是农器，叙述耕、种、收藏各种农器；六为树艺，介绍百余种粮、菜、果类作物的栽培技术；七是蚕桑，条理种桑养蚕技术；八是桑蚕广类，讲述桑蚕以外纤维作物的生产技术（棉花、麻类等）；九是种植，介绍竹、木、茶、药用植物的栽培技术；十为牧养，总结六畜、鱼、蜂的饲养技术；十一是制造，阐述作物加工；十二为荒政，叙述备荒、救荒。内容如此之全面，几乎涉及古代农业的每一个方面；又如此之系统：从农本思想到耕作制度、耕作方式、水利工程、耕作器械、耕作技术、畜牧养殖、作物加工、备荒救荒。其全面性、系统性超过中国古代任何农书，它是中国农学的集大成之作，中国和世界古代最全、最好的农学百科全书。②突出农政思想，第一门类"农本"，讲的全是农政思想；第十二门类"荒政"，分为"备荒总论"、"备荒考"两部分，讲的亦是农政思想，而且重点是"备"，同时不忘救荒，故收入《救荒本草》《野菜谱》等内容。从头到尾讲的农政思想，且贯穿于农垦、水利、农具、桑蚕、牧养各门类之中。在该书中，阐述农政思想者占全书一半以上的篇幅。③介绍了一系列农业新技术，如种麦避水，麦豆轮作，长江三角洲地区种棉14字诀（精拣核、早下种、深根、短干、稀棵、肥壅）[①]，甘薯移植越冬留种技术、育苗技术和扦插技术等。④总结蝗虫发生规律和治蝗办法，他在中国历史上第一次全面系统地研究自春秋至元代111次蝗灾的历史教训，提出蝗灾"最盛于夏秋之间"、"涸泽者，蝗之原本也"等科学结论[②]，并提出一系列治蝗方法。

三、《天工开物》

中国古代技术经典著作，世界技术名著。它第一次全面系统地总结了中国4000余年来中国传统农业和手工业领域的技术成果。明宋应星著。3卷，6.2万字，插图123幅，成于1637年。

宋应星（1587～1666年），明代科学家。又称宋长庚，江西奉新人。少有大志，博览经书古籍，在6次进京会试失败之后，与科举断绝转向实学，著作等身。《天工开物》是其主要代表作。

《天工开物》是作者行程数十万里，深入全国各地田间、作坊进行细致考察研究基础上写成的。其主要特点和贡献如下：①首次对于中国数千年的农业技术、手工业技术进行全面系统的梳理。《天工开物》以每一个具体产品的整个生产系统为基本单位（包括产品种类、用途、原材料及能量消耗、生产技术及设备、产地、质量指标），对产品归类，置于各章，然后分为农业和手工业两大门类，开创系统阐述工农业生产技术知识的新体例。全书的内容分为18章，全面而系统：一谷物（《乃粒》），二纺织（《乃服》），三染色（《彰施》），四谷物加工（《粹精》），五制盐（《作咸》），六制糖（《甘嗜》），七砖瓦陶瓷（《陶埏》），八冶炼铸造（《冶铸》），九船车（《舟车》），

① 陈远等主编.《中华名著要籍诠》. 第114页. 北京：中国广播电视出版社. 1994.
② 杜石然主编.《中国科学技术史·通史卷》. 第770～772页. 北京：科学出版社. 2003.

十金属加工（《锤锻》），十一采制石灰、煤（《燔石》），十二制作食油（《膏液》），十三造纸（《杀青》），十四金属器物制造（《五金》），十五兵器（《佳兵》），十六颜料制作（《丹青》），十七酒曲（《曲蘖》），十八珠宝玉器（《珠玉》）。对中国古代农业、手工业技术进行了从未有过的全面而系统的总结，所以法国学者S．儒莲（Stanislas Julien，1779～1873年）早在19世纪就称此书为"技术百科全书"[①]。②记录、保存了一系列先进技术。如《乃粒》（第一章）指出：水稻育秧30日后可拔起分载，本田与秧田比为1：25，即一亩本秧田可移栽25亩秧田；记载早稻食水三斗，晚稻食水五斗，失水即枯。这些定量指标对农业生产有很强的指导性，是过去任何书籍所没有的。此章还介绍用砒霜作为农药拌种，可以防虫；用石灰可以中和酸性土壤等先进技术，至今仍有价值。《五金》（第十四章）记述的生、熟铁连续冶炼技术，金属锌的冶炼工艺，铜、锌按不同比例冶炼出不同性能的黄铜合金等技术，都是世界冶金史上的首创。《锤锻》（第十章）记载的淬火法、生铁淋口、冷拉铁丝、表层渗碳处理等技术，都领先于西方数十至百余年。③阐述了一系列超前的真知灼见。如《乃粒》科学地论述了作物与环境的关系，包括外界环境变迁对作物物种变异的影响，由此通过人工选择培育出抗旱的新稻种。《丹青》（第十六章）解释用水银一斤（16两）得银珠17.5两时，指出"出数借硫质而生"，即因硫参加与汞反应，多出的重量来自硫。宋代还特别说明这个过程"未尝增"，又"未尝减"，超前地表达了物质守恒的思想。《乃服》（第二章）记述蚕的变异现象，与19世纪英国进化论创始人C．R．达尔文所述几乎完全一致[②]。其中所述将一化性蚕与二化性蚕、黄茧蚕与白茧蚕人工杂交，可培育出具有双亲优点的新蚕种；通过浴蚕，可淘汰病蚕，促使健蚕发

---

① 陈远等主编．《中华名著要籍精诠》．第217～219页．北京：中国广播电视出版社．1994．
② 杜石然主编．《中国科学技术史·通史卷》．第776页．北京：科学出版社．2003．

育成长等，都具有很高的科学价值。④提出和展示了一些珍贵的科学思想。全书以《乃粒》开篇，以《珠玉》殿后，既体现重农思想，又表达了技术要为国计民生服务的思想，全书18章大致是以与国计民生的密切程度排序，构成系统。书名《天工开物》，强调了一种科学思想，即"天工"（指自然力与人力相互配合、自然界行为与人类活动相协调，才能更好地"开物"（开发物品）。日本学者三枝博音指出："'天工'是于人类行为对适的自然行为，'开物'是根据人类利益将自然界中包含的种种物品由人类加工出来。在欧洲人的技术书中，恐怕没有这类书名的著作。技术确实是自然界与人类协调的产物，它是人类与自然界之间赖以沟通的桥梁。只有很好地理解技术，才能懂得利用'天工'的同时再用人工'开物'"①。全书配有123幅插图，用素描写实笔法绘成，画面生动，比例恰当，有主体感，这是作者精心之作，是全书的重要组成部分。而且，这些插图富有价值，对各种技术给予图解和图示，如第十五章《杀青》中有一幅中国和世界现知最早的造纸工艺流程图，充分体现了技术与艺术融为一体之美。为此，外国学者称赞此书是"杰出的插图本百科全书"②。

《天工开物》在世界上已产生广泛影响，现出有英、日、俄、法、德、意大利等文译本。英国学者李约瑟指出，《天工开物》是可以与西方文艺复兴时期的技术经典著作《矿冶全书》和18世纪法国的权威著作《狄德罗百科全书》相媲美。中国著名学者丁文江（1888～1936年）认为，《天工开物》是"国故中最值得赞许的一部科学典籍"③。

四、《温疫论》

中医温病学第一部开创性专著。明吴有性撰，2卷，4万多字，成于

---

① 杜石然主编.《中国科学技术史·通史卷》. 第776页. 北京：科学出版社. 2003.
② ③ 陈远等主编.《中华名著要籍精诠》. 第219页. 北京：中国广播电视出版社. 1994.

1642年。

吴有性（17世纪），明末医学家，温病说创始人。又称吴又可，吴县（今江苏苏州）人。明末瘟疫流行，阖门传染，死者无算。医者泥于伤寒证治，不见成效。吴氏在积极医病的大量实践中，敢于突破"古法"，纂成《温疫论》。

《温疫论》全书列有86个论题，主要阐述瘟疫的病症、病因、病机、治疗，及其这些方面与伤寒的区别，提出了"戾气"学说。其主要学术成就和贡献：①创立"戾气"学说，对温病病因作出了全新解释。书中提出温病"非风、非寒、非暑、非温，乃天地间别有一种异气所成"，并指出这是一种肉眼看不见的无声无嗅的杂气，会引致不同的病症，诸如痘疮、斑疹、痢疾、大头瘟、虾蟆瘟等。还对"戾气"的物质性、传染性、特异性、多样性等进行了阐述。②对温病的流行规律和发展机制提出创见。明确提出"传染"的概念，且是"邪从口鼻入"；病与不病，病之轻重，与"戾气"厚薄、人身虚实等直接相关。科学地指出了温病传染的途径与特点，进而列举出温病与伤寒相反的11种情况，大大深化了对温病病机的认识，推动温病学说从伤寒学说中分化出来，逐步发展为一门独立学问。③提出先里后表、里通表和等治疗原则，为治疗瘟疫作出重大贡献。书中提出"一病只须一药之剂，而病自已"的先进治疗思想，创用一系列新方剂，如疏通膜原的达原饮、生散瘟毒的举斑汤、表里分消的三消饮等，临床都很实用。

中国是一个大疫（即瘟疫或温病）频发的国家，据我们统计，自商有甲骨文记载明末约3000年间中等及其以上烈度的疫病至少有385次，其中烈度最大的一次是明末崇祯十六年（1643年）大疫，"死者数百万"[①]。然而，自汉以来均以伤寒论症治疗，疗效甚微。《温疫论》

① 孙关龙.《中国古代自然灾异动态分析·大疫》.载《中国古代自然灾异动态分析》.第399～437页.合肥：安徽教育出版社.2002.

的出世，为医疗大疫开拓了广阔的新途，拯救了难以计数的生命，直到今天还在为中华民族预防、治疗传染病作出贡献。《温疫论》把中医对温病的认识和治疗提高到一个全新水平，为明清温病学说的发展、温病学派的建立奠定了基础。其中，书中创立的"戾气"学说，所提出中医学的传染病病因理论和诊治理论，早于西方的传染病学微生物学说约200年，在世界传染病学发展史上占有重要地位。

由上可见，晚明六大科技著作都具有一个共同的特点，即在科学技术上都有重大或重要的创新或重要的突破。六大科技著作大致可以分为两类：一类是总结性兼具创造性的著作，它们既对某一领域数千年科学技术成果进行全面系统的总结，其中又有重要创新、重要突破。如李时珍的《本草纲目》，对数千年药学史进行了全面系统的归纳总结，在药物分类等多个方面又有重大突破、创新（详见下节）；徐光启的《农政全书》，对数千年农学成果进行了全面系统的总结，在农政思想、治蝗等方面都有突破和创新；宋应星的《天工开物》，对数千年的技术工艺成果进行了全面系统的总结，所记载的一系列技术工艺及其原理都有突破和创新。一类是开创性著作，对某一方面或某一论题有重大的突破和创新。如朱载堉的《乐律全书》解决了2000多年三分损益律的缺陷，创立了十二平均律及其数学公式，对世界音乐史作出重大贡献。徐霞客的《游记》，开创了中国舆地学考察自然、研究自然的新方向，开创广泛系统地研究喀斯特地貌方向，为世界喀斯特研究作出先驱性贡献（详见下节）；吴有性的《温疫论》突破汉以来千余年的伤寒"古法"，创立温病学派，提出"戾气"学说，其价值我们认为超过了金元医学四大家。金元医学四大家提出的理论都是完善、补充伤寒论，而温病学说则突破了伤寒论，且治疗的受众面更宽。

这六大科技著作，不但是中国古代科学技术的高峰、自然国学的高峰，也是世界古典时代科学技术的高峰。然而，我们亦应看到这六大科技著作与大致同时期的欧洲六大科技著作，N. 哥白尼（Nicolaus

Copernicus，1473～1543年，波兰天文学家，提出日心说的《天体运行论》（1543年）；A.维萨里（Andreas Vesalins，1514～1564，比利时医学家，提出全新的人体构造结构的《人体构造论》（1543年）；G.伽利略（Galilen Galile，1564～1642年，意大利天文学家、物理学家，发明望远镜，提出落体、惯性等定律）的《关于两种世界体系的对话》（1632年）；J.开普勒（Johannes Kepler，1571～1630年，德国天文学家，发现行星运动三大定律）的《新天文学》（1609年）；W.哈维（William Harvey，1578～1657年，英国生物学家，发现血液循环）的《动物心血运动的解剖研究》（1628年）；I.牛顿（Isaac Newton，1643～1727年，英国物理学家、数学家，提出万有引力定律、创立微积分等）的《自然哲学的数学原理》（1687年），相比较在总体上是逊色了，无论是学术力还是影响力前者都不如后者。在文艺复兴影响下诞生的欧洲六大科技著作，在人类史上造就了第一次科学革命，从而导致工业革命的发生，使人类进入全新的工业文明时代。

第四节　代表人物及其成就

这个时期，科学家、技术家、工艺家辈出，众星灿烂。各领域的代表性人物和著作如下：天学有李淳风、瞿昙悉达、僧一行、南宫说、苏颂、沈括、韩公廉、杨忠辅、耶律楚材、扎马鲁丁、王恂、郭守敬、赵友钦、贝琳、邢云路、徐光启等，《开元占经》《大衍历》《新仪象法要》《授时历》《革象新书》《七政推步》《古今律历考》等；地学有玄奘、贾耽、窦叔蒙、李吉甫、沈括、范成大、王应麟、燕肃、赵汝适、耶律楚材、都实、郭守敬、朱思本、汪大渊、郑和、罗洪先、王士性、徐霞客等，《大唐西域记》《海涛志》《经行记》《元和郡县图志》《华夷图》《禹迹图》《通鉴地理通释》《桂海虞衡志》《诸番志》《岭外代答》《岛夷志略》《郑和航海图》《广舆图》《广志绎》《徐霞客游记》等；算学有李淳风、王孝通、贾宪、沈括、秦九韶、李冶、杨辉、王恂、郭守敬、朱世杰、程大位、朱载堉、徐光启等，《算经十书》《辑古算经》《韩延算书》《数书九章》《测圆海镜》《益古演段》《杨辉算法》《四元玉鉴》《九章算法比类大全》《算法统宗》等；农学有陆羽、陈旉、韩彦直、王祯、鲁明善、王象晋、徐光启等，《茶经》《耒耜经》《司牧安骥集》《陈旉农书》《橘录》《农桑辑要》《王祯农书》《农桑衣食撮要》《救荒本草》《便民图纂》《元亨疗马集》《群芳谱》《农政全书》《沈氏农书》《补农书》等；医学有孙思邈、王冰、王惟一、唐慎微、陈言、成无己、刘河间、张子和、李东垣、危亦林、朱丹溪、滑寿、王履、汪机、李时珍、方有执、王肯堂、张景岳、吴有性等，《千金方》《新修本草》《外台秘要》《四部医典》《证类本草》《图经本草》《洗冤录》《和剂局方》《圣济总录》《小儿药证直诀》《妇人良方大全》《十四经发挥》《世医得效方》《本草纲目》《名医类案》《针灸大成》《普剂方》《温疫论》等；技术工艺方面有李诫、薛景石、毕昇、计成、赵士桢、黄成、宋应星等，《营造法式》《梓人遗制》《神器谱》《园冶》《髹饰录》《南船记》《天工开物》等。其中，世界级科学家有沈括、郭守敬、李时珍、徐霞客。

一、 沈括（1031～1095年）

中国古代最卓越的科学家、宋代学者。又称沈存中，钱塘（今浙江杭州）人。1054年入仕，1063年登进士第，曾任太史令、司天监、翰林学士、权三司使等职。资质聪颖，注重实学，勤于思考，是位博学多产的科学家。著有世界科技名著《梦溪笔谈》等40种著作（一说35种），但大多散佚，仅存《梦溪笔谈》（30卷）、《长兴集》（19卷）、《苏沈良方》（10卷）。他博学善文，在天学、地学、算学、医学和技术工艺学等方面，均有突出的贡献。

①天学贡献。主要成就有三：ⓐ首倡"十二气历"。前已述中国传统历法为阴阳合历，其缺陷是节气与月份的关系不固定，影响人们的农业生产活动和日常生活活动。为使节气与月份建立起稳定的关系，沈括提出、制订"十二气历"。这是一种完全崭新的历法，是纯阳历，以立春为正月初一，惊蛰为二月初一，余类推；大月31日，小月30日等，比现行公历更科学。这一历法简单而实用，是中国数千年历法史上的一个革命性的创新。正因为是革命性的创新，故一直难以实行。ⓑ改进天文仪器。他任司天监时所制新的浑仪、浮漏、圭表，都有重大改进，大大提高观测精度如改进后的漏刻每日误差不大于几秒，其计时技术在当时是创世界纪录的，远高于当时西方水平；[①]写出《浑仪议》《浮漏议》《景表议》。ⓒ亲自观测研究。他用改进的仪器，连续观测3个月，每夜观测3次，共绘制200多幅星图，正确得出北极不在天极，离天极"三度有余"的结论（见《梦溪笔谈》，下同）；利用新制的浮漏进行长达10余年的观测和研究，得出超越前人的见解，第一次从理论上推导出太阳视运动有快有慢，指出"冬至日行速"、"百刻有余"、"夏至日行迟"、"不足百刻"，即提出冬至前后的一日比夏至前后的一日要短；通过观测，正确地提出"月本无光"、"日耀之乃光耳"，并通过实验演示月亮的盈亏现象。

②地学贡献。沈括跑遍中国南北，对地形、水文、气象、植被、动物等无不细心观察，沉思潜研，有所发明，有所创见。主要有6个方面贡献：ⓐ在浙东见雁荡山诸峰"峭拔险怪，上耸千尺，穿崖巨谷"，明确指出这是流水侵蚀作用的结果，对流水侵蚀作用的论见早于西方英国J.赫顿（James Hutton，1726~1797年）600多年。ⓑ在太行山麓见"山崖之间，往往衔螺蚌壳及石子如鸡卵者，横亘石壁如带"，正确推断

---

① 陈远等主编．《中华名著录籍精诠》．第248页．北京：中国广播电视出版社．1994．

"此乃昔之海滨"，确立"沧海桑田"说；且天才地提出华北平原是由黄土"浊泥所湮"形成。ⓒ在延州（今陕西延安）见数十尺土下的"石笋"等古代动植物化石，富有远见地指出："乃旷古之前，地卑气湿而宜竹邪"，其对化石的认识早于意大利达•芬奇（Leonardo da Vinci，1452～1519年）400多年。ⓓ最早创用"石油"一词，研究其用途，亲自用石油燃烧的残质制墨，并科学地预言："此物后必大行于世"。ⓔ用12年的时间不懈努力地绘制出《守令图》地图集，继承、发展传统的制图六体，把以往地图8个方位扩展为24个方位，大大提高地图精确度；在河北边防视察时制作立体地形模型图，又复制为木刻立体图，为边防服务。沈括的地形模型比欧洲最早的地形模型早700多年。ⓕ1072年视察汴河工程时，发明分段筑堰测量法，测得今开封至江苏泗洪840里路程地势高差为194.86尺，精确度达到寸和分。这是中国测量史上一项很高的成就，其方法在世界测量史上是首创。

③算学贡献。主要开创中国传统算学两个研究方向：ⓐ开创高阶等差数列研究。沈括从酒坛堆垛、垒棋实际出发，把求离散个体体积的累积数化解成求层坛的体积值，首创高阶等差数列求和研究，提出"隙积术"，列出正确的求解公式。后世杨辉（1261年）、朱世杰（1303年）在沈括基础上发展为"垛积术"，所立的公式与300多年后英国科学家 I. 牛顿所列公式完全一致。ⓑ开创弓形几何研究。沈括从弧形农田面积计算等实际出发，提出"凡圆田，既能拆之，须会使之复圆"。即以往用平分一个圆的方法折开计算弧长，误差太大，为此沈括提出简单、实用的新方法"会圆术"，列出中国算学史上第一个由弦和矢的长度求解弧长的公式，为后人研究弓形几何奠定基础。元代王恂、郭守敬等在编修《授时历》时，用该公式计算黄道纬度和时差，走向球面三角学。

另外，在《梦溪笔谈》中，沈括给出计算棋局的三种方法，指出全部361个用子位置，要写出四五十万个字的篇幅才能构成棋局总数。

他用排列组合的数学方法计算千变万化的棋局，并提出数量级的概念来把握大数3^{361}的方法。这在当时是一个非常惊人的成绩。

④医学、生物学贡献。这是沈括着力研究的一个重要方面，《梦溪笔谈》全书共548条，自然国学内容有200多条，其中医学、生物学方面约占90条；又撰有《苏沈良方》（为苏轼《苏学士方》和沈括《良方》的合编本，现存辑本）等书。沈括从实际出发，对药物、方剂进行大量调查研究，纠正古药物书和古方中许多错误，仅订正汉代《神农本草经》一书的舛误、不正确记载达几十处[①]。如杜若和高良姜、赤箭和天麻、天名精和地菘等，沈括正确地指出这是一物两名，本草书中分条列叙是不妥的。又如，指出"车渠"不是郑玄说的车轮外圈，而是南海出产的海洋蚌属（贝类）；"蒲芦"，不是许多书上说的"螺蠃"（细腰蜂），而是蒲、苇两种植物的合称。他一再强调中药采制要因时因地制宜，用药要因人因时制宜，对症下药；并对将药物配伍原则一直呆板地分为"一君、二臣、三佐、五使"的方法提出批评，例举有毒的巴豆治疗积便是主药（"君"），而不能把巴豆固定地摆在"使"中。两书中还刊有许多宝贵的医学资料，如健脾散、睡惊丸、青金丹、小黑膏、吴婆散、沈麝丸、四神散、肉桂散、大黄散、枳壳汤等都是当时的新药方；《苏沈良方》第六卷所载的"秋石方"，是现知中国和世界最早的性激素荷尔蒙及其提取制备方法的记载[②]。

⑤技术工艺方面贡献。ⓐ补充、发展磁针的制法和用法。在《梦溪笔谈》中，沈括亲自试验了磁针的4种装置方法，指出"缕悬为最善"；"以磁石磨针锋，则能指南"，揭示了当时人们制作人造磁体的方法——摩擦传磁法；"然常偏东，不全南也"，发现地球磁偏角，比西方哥伦布在1492年大西洋航行中发现磁偏角早400余年。ⓑ对凹面镜进

① ② 《中国大百科全书（第二版）》. 第19卷. 第505页. 北京：中国大百科全书出版社. 2009.

行了突破性研究。指出凹面镜照物有一个"碍"的地方：在此之内，得正像；在此点之上，照物见不到；在此点之外，得倒像。说明他已发现凹面镜焦点。ⓒ最早对透光镜（一种反射镜）进行开创性研究，指出其透光的科学原理。ⓓ曾用纸人进行共振实验，指出琴、鼓上弦线的基音和泛音的共振关系，这个实验比欧洲人早几个世纪。ⓔ记录大量民间科技专家及其成就，如布衣毕昇发明的活字印刷术即出于《梦溪笔谈》。清人和当代学者都曾按所记其法作模烧字，坚如骨角，印成书本效果甚好[①]，充分证明沈括记载的可靠性。

沈括还是一个文学家，著有诗文集《长兴集》（原书41卷，现存19卷）；《梦溪笔谈》的文笔明快精当，语言形象简练。

沈括是中国古代历史上的科技全才、奇才。正如中国当代学者所言："愈临晚近，以今世科学标准衡量此书（指《梦溪笔谈》），则愈觉其价值之高。"[②]英国学者李约瑟称沈括是"中国整部科学史上最卓越的人物"，而他的《梦溪笔谈》则是"中国科学史上的里程碑"。为纪念他的功绩，经国际小行星中心批准，中国科学院紫金山天文台将一颗小行星命名为"沈括星"[③]。

二、郭守敬（1231～1316年）

元代天文学家、算学家、水利学家和仪器制造家。又称郭若思，顺德邢台（今河北邢台）人。自小受到科学技术知识的熏陶。31岁（周岁）出仕元廷，曾任太史令、都水监，官至昭文馆大学士。终其一生，在历算之学、水利之学和仪象之学三个领域作出卓越贡献。

①历算之学贡献。自忽必烈至元十三年（1276年）到至元二十七年

---

① 陈远等主编．《中华名著要籍精诠》．第249页．北京：中国广播电视出版社．1994.
② 陈远等主编．《中华名著要籍精诠》．第248页．北京：中国广播电视出版社．1994.
③ 《中国大百科全书（第二版）》．第19卷．第504～505页．北京：中国大百科全书出版社．2009.

（1290年），郭守敬在太史院任职，从事编修《授时历》及有关工作，其贡献如下：ⓐ创制多种天文仪器。编历之初，王恂主推算，郭氏主制仪和观测。他为制历而设计和监制的新仪器有：简仪、高表、候极仪、浑天象、玲珑仪、仰仪、立运仪、证理仪、景符、窥几、日月食仪、星晷定时仪等12种（《元史·郭守敬传》说13种，是把最后一种仪器分为星晷、定时仪两种所致）。这些仪器保证了编历观测和计算的精度。ⓑ组织和主持中国历史上最大规模的天体测量。他主持27个地方的日影、北极出地高度、日昼时刻等内容测量，从北纬15°的南海起，每隔10°设点，到北纬65°为止。这也是当时世界上规模最大的天体测量。所测北极出地高度与今天所测的实际高度平均仅差0.35°，达到前所未有的精度。ⓒ精确推算回归年长度。郭氏通过在大都（今北京）进行三年半约200次晷影实测，定出至元十四年至十七年（1277～1280年）的冬至时刻，又结合历史上可靠资料进行归算，得出《授时历》的一回归年的长度为365.2425日。这个值同300年后实施的现今世界通用的公历值一样。ⓓ废除沿用千余年的上元积年、日计算法，改用实测历元计算法。中国古历自西汉刘歆《三统历》以来，一直采用上元积年和日法进行计算，数学运算工作十分繁杂，且精度愈来愈差。唐、宋时曹士苏、杨忠辅曾试作改变，唯郭守敬和王恂创编的《授时历》完全废用，改用实测历元计算法。当时以至元十八年（1281年）为元，即把至元十八年作为计算的开始之年，既简单又实用，提高了精度。为论证这一改革的必要性、科学性，郭氏进行了一系列天文测量，包括1280年冬至时刻、其时太阳所在宿度，以及冬至日前后月亮过近地点、黄白交点时刻、定朔时刻、五星与太阳会合时刻、五星过近日点时刻等7种天文量，所用实测历元法计算值都是历代同类测量的最佳值或次佳值[①]。ⓔ测定新的

---

① 陈美东.《授时历的七应及其精度》. 载《纪念元代杰出科学家郭守敬诞生775年周年学术讨论会论文集》. 河北省邢台市郭守敬纪念馆，1987.

黄赤大距。郭氏重新测定黄赤角为23°90′（《元史·郭守敬传》），折合360°制为23°33′23″。用现代天体力学公式计算应为23°31′58″，郭氏数百年前的测量数误差仅为1′4″。法国著名科学家、世界天体力学创建者P. S. 拉普拉斯(Pierre Simon Laplace, 1749～1827年)提出黄赤交角值在逐渐变小的理论时，曾引用郭氏测定值作为其理论依据，且给予高度评价[①]。⑥发展中国传统天文算学。郭守敬、王恂有两项比较突出贡献：一是创用三次差招差法，为编历计算太阳在黄道上的逐日速度和太阳在黄道上的经度，提高了精度，也把招差法从二次差发展为三次差，以后朱世杰发展为四次差、任意高次差，"比西方早出460余年"[②]。二是发展沈括的"会圆术"，创用弧矢割圆术计算黄赤道差和黄赤道内外度，提高了精度，实际运用了球面三角学方法。⑨编制出中国古代最好的历法及编纂一系列天文历法著作。《授时历》的清稿、定稿工作是由郭守敬完成，它是中国古代数千年历史上最先进的历法，代表中国传统历法的发展顶峰；沿用时间也最长（在明代改称为《大统历》），达400年。《授时历》完成之后，郭氏主持观测资料的整理，编著天文历法著作：《推步》（7卷）、《立成》（2卷）、《历议拟稿》（3卷）、《转神选择》（2卷）、《上中下三历注式》（12卷）、《时候笺注》（2卷）、《修改源流》（1卷）《仪象法式》（2卷）、《二至晷景考》（20卷）、《五星细行考》（50卷）、《古今交食考》（1卷）《新测二十八宿杂座诸星入宿去极》（1卷）、《新测无名诸星》（1卷）、《月离考》（1卷）等14种105卷著作[③]，惜多佚失。

　　②水利之学贡献。郭守敬先后向朝廷提出兴修水利工程建议20多项次，治理大小河渠泊堰工程数百处，是中国古代设计、主持水利工程

---

① 《中国大百科全书·天文学》卷．第103～104页．北京：中国大百科全书出版社．1980.
② 《中国大百科全书·数学》卷．第281～282、829页．北京：中国大百科全书出版社．1988.
③ 《中国大百科全书·天文学》卷．第104页．北京：中国大百科全书出版社．1980.

最多的学者，亦是中国古代水利史上最杰出的专家。ⓐ华北水网。1262年，郭氏入仕元廷，当面向元太祖忽必烈陈述6项水利工程建议。其中，5项是关于华北地区农田灌溉网工程，利用黄河各支流或河段间的水位高差构成的水流网络。另一项是关于大都漕运的工程，建议引京西玉泉山泉水充实运河水源，并取直裁弯，开凿通州（今属北京）直达杨村（今河北武清）的新运河。1265年，又建议修复京西平原金口河，该河修复在北京历史上成功地引用永定河水，漕运京西物质，保证了大都城建城的需要。ⓑ西夏水利。1264年，郭氏随张文谦到达西夏，主持修复沿黄河的一系列河渠，包括长200千米的唐徕渠，长125千米的汉延渠，其他长约100千米的大渠10条，支渠68条，增加灌溉9万多公顷土地，极大地促进当地农牧业生产[1]。郭氏采取"因旧谋新"方式，投入少，成效快，且采用流水坝、退水坝等先进技术。ⓒ鲁冀豫苏水网。1275年，郭氏在上述地区设计、主持修建5条河渠干线，沟通卫河、大运河、御河、汶水、泗水、微山湖、山阳湖和梁山泊等河渠湖泊，建立以东平（今山东东平）为枢纽，西连卫州（今河南辉县），东达山东中、南部，南到徐州一带，北接北运河的水上交通网。使这一地区交通便捷，经济、军事上互惠互利，整个工程布局合理，有很大的科学性、实用性，为忽必烈统一中国大业起了不可低估的作用；也为把南北大运河改造为京杭大运河打下基础。ⓓ1291～1293年，设计和主持大都通惠河工程，这是郭氏水利工程代表作。他选定昌平县白浮村的神山泉（今龙山泉）为起点，西行至西山沿其东麓南流，再转向东南方的瓮山泊（今颐和园昆明湖），把瓮山泊建成为北京历史上第一座调节水库，对都城供水、漕运、灌溉等都起了重大作用。这条白浮堰引水工程，长64里，起、终点落差约12米，可保证流水通畅平稳。自瓮山泊经长河引水入紫竹院，由紫竹院经古高粱河，汇水于积水潭，再至通州高丽庄入白河是漕运航

---

[1] 《中国大百科全书·水利》卷．第116~117页．北京：中国大百科全书出版社．1992．

线，长100里，落差约20米。郭氏根据实际情况，在沿途设计了24座闸坝和斗门系统。漕航船舶自高丽庄西行，一个斗门、一个斗门逐级而上。既解决了水源问题，又科学处理了运河上的闸坝问题，打通了京杭大运河的全线，从此江南漕船可直接驶入大都城，到达大运河的终点站积水潭（又称西海）[①]。

在一系列实地勘测和水利工程实践中，郭氏还总结出不少科学概念和计算方法。如他从经北京入海的潮白河流速缓而距海近，经开封的黄河流速快且距海远的事实，提出北京海平面高度相对于开封低的科学结论，在人类史上第一次提出海拔概念并加以具体应用，比德国数学家、天文学家C. F. 高斯（Carl Friedrich Gauss，1777～1855年）首次提出相同的概念——平均海平面早500多年；他根据山洪流量等水文情况，首次总结提出水渠宽窄、深浅的定量计算方法等。

③仪象之学贡献。前已述郭氏在编制《授时历》中创制12种天文仪器，当时他还曾制作一些便于携带的仪器，如正方案、凡表、悬正仪、座正仪等。到晚年，他在天文仪器上，尤其是计时仪器又创佳绩，创制大明殿灯漏、柜香漏、屏风香漏、行漏等。这些仪器都很有价值，如大明殿灯漏是世界第一座大型机械报时钟，比西方早400年。其中最为重要的是简仪和高表，简仪已在本章第二节中作了介绍，此处介绍高表。

表为垂直立于地面的标杆，据《元史·天文志》记载，郭氏创制出比传统"八尺立表"高出5倍的高表，表高4丈，宽2.4尺，厚1.2尺，入地及圭座4尺，圭座以上表高36尺。过去表仅高8尺，较短，加上太阳半影干扰，影长的尺寸很难精确测定，所以包括沈括、苏颂在内许多科学家想了不少改进办法，均收效甚微。郭氏把表高提升5倍，又在表端设置一根细横梁，彻底解决了这个问题，成为当时世界上日影测验最为精确的天文仪器。中国现存最古的天文观测台——登封观星台（曾称周公测景

---

① 苏天钧. 《郭守敬与大都水利工程》. 载《自然科学史研究》1983年第1期.

台）的直壁和石圭，"正是郭守敬所创高表制度的仅有的实物例证"①。

《元史·天文志》曰：郭氏创制的这些仪器"皆臻于精妙，卓见绝识，盖有古人所未及者"。郭守敬不但创造性地编制出中国传统历法史上最为先进的历法《授时历》，而且在中国天学仪器史上，创制了最多、也是最为精确和系统的天文仪器。正是这些先进的观测仪器，造就了先进的历法。

一个学者能在一个领域作出杰出贡献，已实属不易。郭守敬能在历算之学、水利之学、仪象之学三个领域都作出杰出的贡献，这在中国历史上、世界历史上都是少见的。为纪念郭守敬功绩，其家乡河北邢台建有他的纪念馆、竖有其铜像；北京在积水潭旁树有他的铜像、建有其纪念馆；经国际小行星中心批准，中国科学院紫金山天文台把一颗小行星命名为"郭守敬星"；国际天文学把月球一座山命名为"郭守敬山"。

三、李时珍（1518~1593年）

明朝最伟大的科学家、药物学家、博物学家。又称李濒湖、李东璧，蕲州（今湖北蕲春县）人。世医出身，自小酷嗜读书，尤爱医书。少受父命精读四书五经，14岁考中秀才，后数试不第，乃弃儒而承继家学，以医为业。他医术精良，医德高尚，先后被推荐入楚王府掌管良医所、京城太医院担任"院判"。但他对此没有兴趣，在京城任职一年多便托病辞归。

李氏自幼体弱多病，并助父诊病抄方，自小感到医书中不确之处带来的危害；长大后在行医实践中，发现以往本草书籍存在不少错漏，"舛谬差讹、遗漏不可枚数"（见《本草纲目》，下同），深感这是人命关天的大事。于是，决心重编一部新本草专书。他从1552年开始，"渔猎群书，搜罗百氏。凡子史经传，声韵农圃，医卜星相，乐府诸家，稍有得处，辄

---

① 《中国大百科全书·天文学》卷．第47~48页．北京：中国大百科全书出版社．1980．

著数言"；同时，向药农、渔夫、樵民、猎人、野老等一切有实践经验的人请教学习；还亲自到深山旷野实地考察药用动植物，采掘、炼制药用矿物，足迹遍及今湖北武当山、江西庐山、江苏茅山和牛首山，以及河南、河北、安徽等地；而且亲自做大量临床药理实验，解剖药用动植物，甚至通过自己服药来观察和验证一些药物的效用。例如，为了证实罗勒子能放入眼中，治疗眼翳，他把罗勒子置于水中观察，眼见它胀大变软，才肯定了原本草上的单方；为证明鲮鲤（穿山甲）的食性（食蚁），他进行动物解剖，见胃中确有"蚁，升许"。严谨的学风，保证了《本草纲目》的学术价值。这样，"岁历三十稔，书考八百家，稿凡三易"，于1578年完成这部内容浩瀚的本草学、博物学巨著《本草纲目》。

李氏十分重视前人研究成果，他对宋代唐慎微的《经史证类备急本草》（又名《证类本草》）高度评价。该书记载药物约1500种、医方2000多则，李时珍在此基础上增加374种药物、约8000则医方，著成《本草纲目》。全书190万字，52卷，共收药物1892种，附方11096则，插图1160幅。它是一部既带总结性又富于创造性的著作，其学术贡献主要如下：

①对我国16世纪以前数千年的药物学进行了较全面系统的总结。它总结了从汉代《神农本草经》到明代陈嘉谟《本草蒙筌》（1566年成书）等40余家本草著作的成就，将所载药物重加整理，摒弃繁复，并合种类，逐一验证，收入《本草纲目》1518种。且详述各种药物的出处、名称、气味、主治、修治、正讹及附方，条理清晰，博而不繁。还深入实际，采访四方，收集、整理当代民间药方，总结出374种前人从未收录过的新药，约占全书药物总数五分之一，这是该书最为重要的贡献之一。合计全书收1892种药物，成为历代本草收载药物最多的本草。

此书又吸收唐代官府编修的《新修本草》（又名《唐本草》）首绘药图的成功经验，绘制药图1160幅。这不但为后人认药、采药、鉴药提供方便，亦增加了描绘药物特性的准确性，大大增强了《本草纲目》一书的学术性。

李氏更重视从医籍方书中搜集资料扩充本草。他上自《灵枢》《素问》（《黄帝内经》的两大部分），下至元明名家的医书，皆收其中有关的本草内容，在《本草纲目》中引用医籍361家，汇成附方万则以上。所以，《本草纲目》不仅集中国16世纪之前的草本之大成，还集中国16世纪之前的医方之大成。这种以药带方、以方附药的方式，既证实了药物功效，又加深了对药物的认识，大大提高了本草的实用价值。

②提出了当时最为先进的药物分类法。《本草纲目》对药物分类有两个突出特点：一是按"从微到巨"、"从贱至贵"原则排列，即从无机到有机、从低等到高等，基本上符合进化论观点，成为当时世界上药物的最先进分类法。二是"物以类从，目随纲举"原则，即各药物依性质归类，便于寻检查阅①。

该书"一十六部为纲，六十类为目，各以类从"，首创"振纲分目"的科学分类方法，确立本草学的纲目体系，使古代本草开始具有现代药物学的形式。它的16部按水、火、土、金石、草、谷、菜、果、本、服器、虫、鳞、介、禽、兽、人次序排列，为纲。很显然，它把自然界分成为无机界、植物界、动物界三个层次，并认为这三个层次是按"从微到巨"、"从贱至贵"进化的，而人则处在进化的最高端。其中144种动物药物分为虫（相当于无脊椎动物）、鳞（相当于鱼类动物，又含部分爬行动物）、介（相当于两栖动物，又含部分软体动物）、禽（相当于鸟类动物）、兽（相当于哺乳动物）、人六纲，其排序完全符合按简单到复杂、低等至高等的演化系列。

③系统记述各种药物知识。《本草纲目》对每种药物的记载，都相当全面系统，包括校正、释名、集解、辨疑、正误、修治、气味、主

---

① 史仲文、胡晓明主编.《中国全史（百卷本）》. 第16册.《中国明代科技史》. 第152页. 北京：人民出版社. 1994.

治、发明、附录、附方等，这是以往任何本草书籍所做不到的。尤其是"发明"这一项，记载的都是药学史上没有记述过的药物或功能：诸如该书首次记述的"三七"，功能为"止血、散血、定痛"；"银朱"，为"辛温有毒，主治破积带、劫痰涎、散结胸、疗疥癣恶疮、杀虫及虱"；"樟脑"，功用是"通关窍、利滞气，治中恶邪气、霍乱心腹痛"等。它们都是首次入典，却显示已对药物的认识达到相当高的水平。

④辨正以往本草书中的疑误。如把以往草本中实为两药混为一物的女葜与葳蕤、雀麦与瞿麦等，分为两药；把实为一物而被误为两药的南星与虎掌等，合为一药；把误为兰草的兰花、误为百合的卷丹，区别分列。又正采药之误，包括采药时间、方法等；正炮制之误；正性味之误。还正主治之误，如龙胆草具有"泻肝胆邪热"之功效，正《别录》"久服轻身"之误。对服食水银、雄黄等丹药可以长命成仙之谬论，则直斥其非，但又不排斥从医学角度研究金、石的炮制方法丹药治病毒的机理。其辨正的疑误，"绝大部分言之有理，剖析入微，无论从深度（还是）广度，均超过历代诸家"[①]。

⑤辑录保存大量古代文献。《本草纲目》"书考八百家"，即引用16世纪及其以前的大量文献资料，总数达800多种。其中包括历代诸家本草，历代诸家医书（含方书），也有大量非医药的经史百家著述。这些文献资料不少已散佚或残缺不全。而《本草纲目》的摘录、记载都注明了原有出处，且内容归属非常明确，这对恢复这些散佚或残缺文献的部分内容非常有益。

⑥丰富了中国和世界科学宝库。《本草纲目》的内容极大地丰富了中国和世界医学宝库。除前述的增加374种新药物，保存了大量已散

[①] 史仲文、胡晓明主编.《中国全史（百卷本）》第16册.《中国明代科技史》. 第176页. 北京：人民出版社. 1994.

佚、残缺的文献外，医学家还认为该书在药物产地、栽培、贮存、制药等方面作出了突出的贡献。如制药化学方面，记载了包括蒸馏、蒸发、升华、重结晶、烧灼、风华、沉淀、干燥等各种各样制药方法；首次记载以五倍子制作没食子酸，从马齿苋中提取汞；首次记述铅中毒、汞中毒、一氧化碳中毒、肝吸虫病等；首次记录冰块冷敷退烧、蒸汽消毒等治疗技术；针对以往中医对脑的作用重视不够的状况，创造性提出"脑为元神之府"的著名论点①。

《本草纲目》中还记载大量植物学、动物学、矿物学知识，包括众多嫁接、杂交、变异的资料，丰富了中国和世界生物学等宝库。如英国进化论的奠基者C．R．达尔文在其《动物和植物在家养下的变异》（1868年）一书中说到鸡的变异时，讲："倍契先生告诉我说……在1596年出版的《中国古代百科全书》曾经提到过七个品种……具有黑羽、黑骨和黑肉的鸡……"这里说的1596年出版的《中国古代百科全书》即是《本草纲本》，其内容则来自《本草纲目》第48卷"鸡"条；《动物和植物在家养下的变异》一书中，还引用《本草纲目》中关于金鱼的变种及从宋代开始家化等资料。清代汪昂认为古今草本数百家，"精且详"者莫过于李氏《本草纲目》②。鲁迅曾高度评价《本草纲目》，称此书"含有丰富的宝藏"、"实在是极可宝贵的"③。

《本草纲目》以其博大精深的内容，把中国传统药物学的发展推向顶峰。自1606年流传国外，已先后被译成拉丁文、日文、法文、德文、英文、朝鲜文、俄文等文本，已成为国际科学界的重要文献之一。日本科技史家矢岛佑利在《日本科学技术史》中，称《本草纲目》支配了日本17～19世纪的本草学界、博物学界；19世纪的英国最著名的科学家C．R．达尔文称赞它是"中国古代百科全书"；现代英国科学技术史家李约

---

① 钱远铭主编．《〈本草纲目〉精要》．广州：广东科技出版社．1990．
② （清）汪昂．《本草备要·序》．
③ 鲁迅．《鲁迅全集》．

瑟在《中国科学技术史》中指出，《本草纲目》是中国"明朝最伟大的科学成就"①。

李时珍对脉学、经络学亦有很深的造诣，著有《濒湖脉学》（1564年）、《奇经八脉考》（约1572年）。前者总结了16世纪及以前的中国脉学的成就，编成歌诀体裁，流行相当广泛；后者对经络学说有一定的补充和贡献。还著有《脉诀考证》《濒湖医案》《濒湖集简方》《命门考》《命门三焦客难》等，惜均失佚。

1956年，中国科学院院长郭沫若对李时珍题词，"医中之圣，集中国药学之大成"、"伟哉夫子，将随民族生命永生"。李约瑟称赞李时珍为"中国博物学中的无冕之王"、"药物学界中之王子"，把他与欧洲文艺复兴时期的科学巨人G.伽利略（Galileo Galilei，1564～1642年）等并列。在俄罗斯莫斯科大学所列世界著名科学家中，有李时珍像②。

四、徐霞客（1587～1641年）

明末旅行家、地理学家、散文家，中国历史上毕生从事旅行考察事业的第一人。又名徐弘祖、徐振之，南直隶江阴（今江苏江阴市）人。出身书香门第家庭，自幼博览众书，且"特好奇书"（见《徐霞客游记》，下同），"欲问奇于名山大川"。20岁开始出游，30多年"不避风雨，不惮虎狼，不计程期，不求伴侣，以性灵游，以躯命游"；东涉普陀，北历燕冀，南及桂粤，西北登太华，西南至边陲，足迹遍及当时的全国两京十三省。考察途中，曾两次遇盗，四次绝粮，数次陷入绝境，几度出生入死，他都"旅途不忧，行误不悔，瞑则寝树石之间，饥则啖草木之实"。不管白天如何劳累，环境如何恶劣，晚上他都点燃松

---

① 陈远等主编.《中华名著要籍精诠》. 第176～177页. 北京：中国广播电视出版社. 1994.
② 钱远铭主编.《李时珍研究》. 广州：广东科技出版社. 1984.

枝，写作不断。直至1640年，他在云南丽江境内身染重病，由滇西护送东返，抵家乡后第二年过世。

他的旅行考察，必"先审视山脉如何去来，水脉如何分合。既得大势，然后一丘一壑，支搜节讨"。在探索中，他"必穷其奥而后止"。为此，他勇往直前，"峰极危者，必跃而踞其巅；洞极邃者，必猿挂蛇行，穷其旁出之窦"。正是这种寻根究底的精神，取得了大量前人没有掌握的第一手资料，成就了科学巨著、世界名著《徐霞客游记》。

《徐霞客游记》是中国和世界第一部广泛系统地记载和探索喀斯特地貌（又称岩溶地貌，下同）的科学著作，一部以日记体裁为主的舆地学全书。原书散佚，今存10卷，62万多字，日记1050天。其主要特点和价值如下：

①一部罕见的科学著作。此书名为《游记》，实是一部富有科学价值的著作。书中徐氏不满足于对自然风光的欣赏，不满足于对各地奇风异俗的猎奇，也不满足古代文人山水游的见识，突破了中国传统舆地学囿于室内书本文字的考释和辨正工作，写出了有独立见地、富有思想性和科学价值的考察笔记，使舆地学从史学的附庸下解放出来。在实际考察中，徐氏不但眼光比别人敏锐，思路比他人开阔，而且注重观察一般人所未注意的事物和现象，采取前人未采用或很少采用的对比研究、采集标本、系统分析、类型研究等方法，取得了中国舆地学史上一系列罕见的成就。全书内容涉及地貌、水文、气候、动植物、历史地理、社会政治经济、城镇聚落、民族和风俗等知识，其中以地貌、水文、植物内容最富，也最有价值。据统计，书中记录地貌类型61种，水体750多个，类型24种，动植物170多种，山岳1259座，洞穴540多个[1]。

②西南舆地百科全书。徐氏之前，记述中国西南地区的文献不多，较为著名的仅有唐代《蛮书》（又称《云南志》），宋代《岭外代答》

---

[1] 唐晓峰．《游圣徐霞客》．载《光明日报》2011年5月23日．

《桂海虞衡志》等。至明末，滇、黔、桂的大部分地区仍是未开发的不毛之地，依然在难以驾驭的西南土司控制之下，与中原地区音讯难通，地理情况不明。《游记》则第一次较为全面、系统地记述了西南地区山川形势、气候植被、政治经济、风土人情，填补了这一地区的空白。在《游记》中，有五分之四的篇幅是描述和研究西南地区的。在10卷书中，第3卷为粤西游记（广西），第4卷为黔游记（贵州），第5～9卷和第10卷（上）为滇游记（云南），第10卷（下）附编中的专文也多为该地区的，如《盘江考》等；按字数计算，西南游记则占91%。所记载内容丰富，多是前所未有的。如对该地区植物和植被知识的，记载非常有价值：全书记述云南植物60多种，贵州植物不下于10种，广西植物约30种；记述"山皆童然无木"的贵阳，"童然无树"的点苍山，"两边山木合，终日子规啼"的高黎贡山，满山纯松林的云南永平松坡哨，典型热带雨林的云南南部等；记述不同海拔高度对植被、气候的影响，不同地理纬度下形成的不同物候和植物，温度高低对植物生态的影响，不同地形高度下植物生态的差异等。徐氏之前的数千年，没有一本书能记述西南地区那么多植物，也没有一本书能如此丰富、实在地反映西南地区的生态环境。连自称中国唯一"西南通"的著名现代地学家丁文江，于上世纪20年代在西南考察中，"取《游记》读之，并证以所见闻。始惊叹先生（指徐霞客）精力之富、观察之精，记载之详且实"[1]。

③一系列富有创新的见解。徐氏不拘泥前人的见解，也不囿于书本的知识，坚持一切从实际出发，用事实说话。如第四章第一节我们已叙述了徐氏不顾千年经书上"岷山导江"的结论，提出"推江源者，必当以金沙（江）为首"的正确论断。又如，对黄山的高度长期以来包括清朝人在内，都承袭旧说，以为天都峰居各峰之首。徐氏上黄山时专门登上天都峰、莲花峰进行目测，首次提出莲花峰"独出诸峰上"，"天都

---

① 丁文江.《徐霞客年谱》.上海：商务印书馆.1928.

亦俯首矣"。这与今天实测的结果是一致的（莲花峰为1831米，天都峰为1810米）①。还如，针对当时南北盘江源于一地、长江不如黄河长等旧说，徐氏发出"何江源短而河源长"的感叹，并经实地考察，提出长江比黄河长、南盘江与北盘江发源于不同的地点等科学结论。

更可贵的是徐氏在《游记》中，突破中国舆地学以往仅记"其然"，不记"其所然"的传统，对考察途中所见事物和现象，都尽可能地给予近于或合乎于科学道理的释解。他在天台山（位今浙江）见到"岭角山花盛开，（山）顶上反（而）不吐色"的现象，科学地指出这是"高寒所勒"。在广西左、右江沿岸见到一系列美丽而奇特的景色，他正确地指明这是由于"江流击山，山削成壁"而致。在对比福建的宁洋溪与建溪的源地、归宿和长度之后，卓有见识地得出河流"程愈迫则流愈急"的合理结论。在通过对嵩山（位今河南）、华山（位今陕西）、太和山（即武当山，位今湖北）的山间气候与平原气候的对比后，发现提出"山谷川原，候同气异"的正确论断，即认为山谷与平川大原相同的时候，气候是很不一样的结论。在云南保山县太保山采集到"石树"（即"矽化木"或称"硅化木"、"木化石"）后，他分析其成因，很有远见地推测"其外皆结肤为石，盖石膏日久凝结而成"。他又正确指出河流弯曲或岩岸近水，是水流冲刷的结果；河床的坡度大小与水流冲刷力大小相应，即成正比；喷泉的形成，与潜流、压力相关。他还在中国历史上第一次探索怒江之源、澜沧江之源；第一次详细记录中国的地热现象（位于云南腾冲）；第一次记录云南腾冲打鹰山的火山喷发，首次科学解释火山喷发出来的岩浆所形成红色浮石的产状、质地和成因，等等。

《游记》之所以有那么多全新的创见，是徐霞客对"一切水陆中可惊可讶者"，都要"以身历之"的结果，从而揭示了许多"千百年

---

① 《辞海》. 1999年版三卷本。第5804页. 上海：上海辞书出版社. 1999.

莫之一睹"①的现象和知识。诚如丁文江所言：徐霞客的旅行考察与中国历史上的张骞（西汉，出使西域）、玄奘（唐代，西去取经）、耶律楚材（蒙元时代，随军西征）等旅行家不同，他不是为"恭维皇帝"，也不是为"恭维佛爷"，而"是纯粹地为知识"，这在中国以前数千年历史上是没有过的。徐霞客的"此种'求知'之精神，乃近百年来欧美人之特色，而不谓先生已得之于二百八十年前"②。正是徐霞客的这种"求知"精神，促使他突破中国传统学术的藩篱，走上探索自然、研究自然之新路，从而使《游记》的创新之见每每在目。

④中国和世界研究喀斯特地貌的经典。徐氏学术上一系列的创新性贡献中，最大的贡献是在喀斯特地貌方面，最系统的贡献也是在喀斯特地貌方面。

ⓐ考察的广度和深度都是空前的。徐氏考察过的喀斯特地貌区域十分宽广：东起浙江杭州的飞来峰，西至云南西部边陲的保山地区。仅自湖南南部到云南东部，面积即达55万平方千米，比世界最为著名的南欧狄纳尔喀斯特区、北美阿帕拉契山南部喀斯特地区大得多；仅在云、黔、桂三省他亲身探查的洞穴就达270多个（许多岩洞是多次进出），且多有方向、高度、宽度、深度的记载，成因的探讨③。《游记》中专门记述和论述喀斯特地貌的文字有10多万字。徐氏徒步考察喀斯特地区之广度和深度，在以往中国数千年历史上没有过，在这之前的世界数千年历史上亦是没有过。其中，对热带喀斯特地貌考察方面，比欧洲人F. 容胡恩（F. Junghuhn）要早200多年；在洞穴学考察方面，也比欧洲人J. W. 瓦尔瓦索(J. W. Valvasor)早半个多世纪④。

ⓑ科学性强。《游记》对喀斯特地貌形态作了生动逼真的描述，且

① 唐晓峰．《游圣徐霞客》．载《光明日报》2011年5月23日．

② 丁文江．《徐霞客年谱》．上海：商务印书馆．1928．

③ 唐锡仁、杨文衡．《徐霞客及其游记研究》．北京：中国社会科学出版社．1987．

④ 杜石然主编．《中国科学技术史·通史卷》．第773页．北京：科学出版社．2003．

对其成因作出了正确的解释。如书中指出，岩洞（或称喀斯特溶洞）是水的流动侵蚀造成的，钟乳石是含钙质的水滴蒸发后逐渐凝聚而成等。又如，徐氏对广西桂林七星岩整个山体和复杂的洞穴体系作过两次全面考察，在书中对其中15个岩洞的方位、分布、形况、结构、特征等作了详细的记录。1953年，中国科学院地理研究所曾组织专家对七星岩洞进行实地科学勘测，对《游记》所记述的内容进行对照研究。结果表明，除未被徐霞客发现的部分洞穴分支外，《游记》所记述的内容完全真实可靠①。无怪乎，英国科学史家李约瑟在数十年前就说："他的游记读起来并不像是十七世纪学者所写的东西，倒像是一位二十世纪的野外勘测家所写的考察记录"②。

⑤中国文学史上的杰作。《游记》的科学价值一直被埋没了将近300年，及至20世纪20年代才由留学日本和欧洲10年、中国现代地质学的创始人之一的丁文江发现挖掘。然而，《游记》的文学价值在历史上则是一直被人们所称颂的，它据实写景记事，工笔细密，文字流畅，辞藻丰丽，寓情于景，赋景于情，情景交融，真切感人，一直被后人誉为"古代游记之最"，"世间真文字，大文字，奇文字"（《徐霞客游记》第10卷下《奚序》）。

17世纪前期，即使在西方也是处于近代地理学萌芽时期（近代地理学是由德国人A．von洪堡和C．李特尔于19世纪创立的③），当时在无任何仪器、设备可以借助的情况下，徐霞客凭着个人肉眼的观察书写出那么多逼真的记录，发表那么多富有价值的创见，且绝大多数是与近现代科学测量和科学原理相符合的。从这方面讲徐霞客是中国古代科技界乃至世界古代科技界的"奇才"，似一点也不为过。何况，他还开辟了中国考察大自然、研究大自然的新方向，亦开创了中国和世界全面系统地

① 杨正泰．《中国历史地理要籍介绍·徐霞客游记》．成都：四川人民出版社．1987．
②（英）李约瑟．《中国科学技术史》．第5卷．北京：科学出版社．1975．
③《中国大百科全书·地理学》卷．第82页．北京：中国大百科全书出版社．1990．

研究喀斯特地貌的方向。所以，我们认为徐霞客既是中国古代最伟大、最杰出的舆地学家，亦是一位在世界上有重大影响的科学家。

※※※※※

李时珍的《本草纲目》、徐霞客的《游记》，连同第三节介绍的朱载堉的《乐律全书》、徐光启的《农政全书》、宋应星的《天工开物》和吴有性的《温疫论》，这六大晚明科技著作是自然国学发展的顶峰，亦是世界古典时代科学技术发展的顶峰。同时，它们又显示不少新时代的特征：如它们毫无例外地重实践、重民生、重革新；它们程度不同地运用实地考察、采集标本（或样本）、生物解剖、科学实验等近现代研究方法；尤其是徐霞客的出生入死、无怨无悔的求知精神，似说明中国当时亦已处于科学革命的前夕。

第六章

自然国学的衰微

晚明六大科技著作所显示的新时代的特征，表明中国当时也已处于科学革命的前夕。然而，由于清军入关等一系列原因，中国丧失了这一历史机遇。

1492年，哥伦布（Cristoforo Colombo，约1451～1506年）发现美洲，拉开了地理大发现的序幕。地理大发现有力地推动了西方工业文明和欧洲资本主义的世界性崛起。资本主义在全球的扩张和入侵，便对各国传统农业文明进行挑战，开始了东西方两大文明的碰撞和冲突。在中国，特别是清末西方以船坚炮利打开闭关锁国的封建帝国大门后，原先骄傲的中国人开始惊讶地看到西方先进的工业文明。与此同时，在西方近代产生的还原论科学（实证科学）涌入中国，迅速传播，并逐步替代整体论的传统科学。

本章《自然国学的衰微》与下章《自然国学的复兴》是自然国学发展的两个特殊时期，主要是近代西方还原论科学体系传入中国后，中西两种科学体系碰撞的两个阶段。

第一节　科学多样性，中西两大科技体系的形成和碰撞

为了厘清中国传统整体论科学与西方还原论科学两种体系相互碰撞和自然国学的消长，必须首先说清楚科学和科学体系。

一、科学定义只能是广义的

人类生存发展必然要与自然环境打交道，也必然要实事求是探索自

然界客观规律，所以自有人类社会，就会积累起关于自然界的知识。知识的积累和相互联系就形成知识体系，这就是（自然）科学，所以科学的出现必然是很早的。

科学也有与政治、法律、道德、哲学、艺术、宗教等社会意识相同的一面，是一种社会的精神生活过程，是社会结构中的一个基本要素。古今中外任何民族和国家，在社会意识、社会结构中均存在科学这个基本要素，所不同只是体系有类型不同、水平有高低之分。

由此可见，科学定义只能是宽泛的，这才能涵盖人类历史上任何国家和民族客观存在的关于自然的知识体系及其成果。

二、科学体系多样性及其保护

自然界客观存在，客观真理只是一个。但人类对自然界的认识是由世界各国各民族在各自科学体系中世代奋斗实现的，所以认识途径并非一个，而是多种多样的。

科学体系是一个国家或民族在相当长的时期内形成的，主要有：（1）所面对的自然环境、科学问题和承担的主要任务；（2）从事科学活动的思维习性和基本方式，集中表现在自然观、科学观、方法论；（3）科学成果的类型和知识的表述方式上。

科学体系是受自然环境、社会经济、传统文化、思维习性、科学基础等深刻影响的，所以世界各国科学体系是多种多样的。随着社会的进步，科学体系又是演进的。

"条条道路通罗马"，古今中外不同国家和民族均为当今恢弘的世界科学大厦的建设作出过历史性贡献。科学体系的多样性是人类文化多样性的一个重要方面。所以任何想抛开实事求是探索自然的科学精神，以某种科学体系的特征来定义"科学"，划分"科学"与"非科学"、"伪科学"均是不妥的。这必然导致文化专制主义和否定并扼杀各国各民族科学的普遍创新能力和历史贡献。

三、中西两科学体系的形成和碰撞

为了进一步厘清：中西科学体系碰撞之激烈；自然国学在近百年中一度遭受灭顶之灾；以及当前复兴之艰巨，必须区别中西科学体系的不同起源，及其特定的自然地理环境和社会文化环境。

（一）中国传统整体论科学体系的形成

中国周围是大漠、高原、寒地、大洋，这在古代阻碍了与域外的交通，不利于开放型的商业文明的发展。古代虽有海陆两条丝绸之路，但旅途异常艰险，交通困难重重。但国内平原辽阔、丘陵众多，农业经济区连成一片。一年中高温（夏季）与高湿（雨季）配合，十分有利于农作物生长。尽管水旱灾害严重，但通过发展水利，可基本保障农业持续发展。农业成为中国古文明赖以存在和发展的基础。中国古代"可以自给自足，其他人口众多之大区域，皆望尘莫及"[①]。

中国自古以农业立国，努力开发本国本地区的土地、气候、水、生物等自然资源。发展农产、水利、渔业、田赋等事业，重农抑商成为国策，显然中国古农业文明主要是"大陆内聚型的"[②]。

中国古代农业文明，十分重视农作物的生态环境，发展起天时、地利、人力三者紧密结合的三才理论。受农业三才理论广泛而深刻的影响，便形成一种天地人统一的整体论思维习性，学术界也称之为中国古代有机论自然观。"中国古代的科学技术史、哲学史、文化史等的研究已经深刻地揭示了中国古代认识自然、把握自身的基本思想，主要是一种与西方原子论大异其趣的有机观，它强调整体、强调联系、强调变化、强调统一，形成了涵天盖地、兼容并包的运思方法"[③]。

---

① 哈兴额.《历史之地理基础》.第93页.北京：商务印书馆.1943.
② 宋正海.《中国古代传统地理学的形成和发展》.《自然辩证法研究》.1985年3期.
③ 高建.《中国古代有机论自然观与古代农业文明》.《天地生综合研究》.中国科学技术出版社.1989.

（二）西方还原论科学体系形成

西方文明起源于地中海的古希腊文明。地中海沿海平原狭小，不利于农业发展。地中海又为内海，不特别大，且许多半岛伸入，岛屿星罗棋布，古代沿海各国通过航行就可以广泛联系，商业和殖民活动发达，于是形成海洋开放型的商业文明。

近代欧洲，工业文明崛起，机器广泛使用推动了近代力学、近代物理学、近代化学等探索事物简单性的学科的发展，以牛顿力学为基础，建立起庞大的分析型科学体系，较精细地研究了自然界。但这种研究的一个明显特点是：重视局部而忽略整体；重视结构而忽略功能；重视线性运动而忽略非线性运动。总的特点是长于分析而短于综合。在人与自然关系上，强调征服而忽视协调发展。

（三）中西科学体系碰撞，传统整体论科学体系在近代的衰落

近代还原论科学体系充分扩展，席卷世界，这在科学史上是个巨大进步，促进了各国科技近代化。但相应的一个重大损失是各国传统文化、整体论科学体系遭到灭顶之灾，基本被西方还原论科学体系所取代。在中国，传统科学体系不断衰微和消亡，仅存中医，近百年来，中医也不断遭受还原论科学主义的诋毁，几次经历灭亡危机。

中西科学体系百年碰撞有多次重大回合。1840～1949年中国近代时期有3次：科学救国（1914年）；科玄论战（1923年）；《旧医登记案》（1929年）。这三次发生在自然国学衰微期。1949年以来的现代时期依然有碰撞，此部分发生在自然国学复兴期，后两次在下章讨论。

第二节　缺乏科技近代化的强大动因

世界近代史上的"地理大发现"是指十五、十六世纪之交开始的

西欧航海家和冒险家，在地理方面的一系列重大发现，以及这些发现的巨大的历史作用。最杰出的成就是：1492年C.哥伦布（Cristforo Colombo，约1451～1506年）领导的西班牙船队发现美洲；1497年达·伽马（Vasco da Gama，约1460～1524年）领导的葡萄牙船队发现绕过好望角通往印度的航路；1519～1522年，F.de麦哲伦（Fernao de Magalhaes，1480～1521年）领导的西班牙船队第一次环球航行。

一、地理大发现是科技近代化的强大动因

地理大发现使新大陆和旧大陆，西半球和东半球联系起来了。古代人有关大地球形的天才猜测得到了航海的证实。中世纪狭小的世界观被彻底打破了。

《共产党宣言》精辟论述："美洲的发现、绕过非洲的航行，给新兴的资产阶级开辟了新的活动场所。东印度和中国的市场、美洲的殖民化、对殖民地的贸易、交换手段和一般商品的增加，使商业、航海业和工业空前高涨，因而使正在崩溃的封建社会内部的革命因素迅速发展。"[①]地理大发现推动资本主义世界性崛起，封建主义全球性崩溃，这又成为强大持续的动因，有力地推动着科学技术由古代阶段迅速上升到近代阶段。

二、当时欧洲有地理大发现的动因

地理大发现需要持续强大的动因。这样的动因在当时欧洲是存在的。自十字军东征（1096～1291年），欧洲人从东方输入大宗香料和奢侈品，付出了巨额黄金。十三世纪，由于商品生产发展，货币经济深深地打入封建社会内部，金钱成了权力的象征。正如哥伦布直言不讳所说："黄金是一切商品中最宝贵的，黄金是财富，谁占有黄金，谁就能获得

---

① 《马克思恩格斯选集》．第一卷．第252页．北京：人民出版社．

他在世上所需的一切。同时也就取得把灵魂从炼狱中拯救出来，并使灵魂重享天堂之乐的手段。"[1]1275年威尼斯商人马可·波罗（Marcopolo，1254～1324年）来中国，回国后口述写成《马可·波罗游记》。此书以夸张的笔触描写了中国等东方国家的富庶，在欧洲人中激起了到东方冒险的热情。15世纪时，整个欧洲，特别是葡萄牙都苦于黄金不足，在商人和冒险家中"黄金梦"泛滥，醉心于神话般的东方财富。

然而，这时土耳其帝国控制了地中海到东方的传统商道，对于过往商客横征暴敛，多方刁难。另一条从地中海经埃及由红海通往印度洋的海路，又控制在阿拉伯人手里。在这种形势下，西欧各国迫切想寻找一条绕过地中海通向东方的新航路。地理大发现航海计划得到资助，全靠有可期得到的经济价值的支撑。支持哥伦布航海的西班牙女王伊萨伯拉一世（Isabel Ⅰ，1451～1504年）；派遣达·伽马船队的葡萄牙国王曼努埃尔一世（Manuel Ⅰ，1495～1521年）；赐船队给麦哲伦的西班牙国王查理一世（Charles Ⅴ，1500～1558年），都是期待获得巨额利益而签订协议支持航海的。这些航海家为实现协议用尽各种卑劣手段以谋求财富。地理大发现时代的英雄们大都是亡命徒，从事海盗勾当，烧杀抢掠无恶不作，从而又使地理大发现成为近代史上最血腥的一幕。

远航带回东西的价值往往超过远航耗资的几倍、几十倍。这就吸引越来越多的人去东方冒险，地理大发现在欧洲也就很快形成热潮。这就是地理大发现的强大持续的经济动因。

三、伟大的郑和航海是政治动因，没有导致地理大发现

在地理大发现前半个世纪，明代永乐三年到宣德八年（1405～1433年），中国伟大航海家郑和（1371～1435年）领导的庞大船队，七下西洋，

---

① 周一良、吴于廑主编．《世界通史资料选辑》（中古部分）．第304页．北京：商务印书馆．1964．

经由南海，穿过马六甲海峡，到达印度，横渡印度洋，最远到达红海沿岸和非洲东部、赤道以南海岸，前后经历30多个国家。名扬中外的郑和下西洋向全世界展现了灿烂的中国古代文明、先进的科学技术，表达了中国人民与世界各国和平交往的良好愿望。郑和航海规模巨大，就船队的规模、装备、技术等航海能力而论，当时中国人完全能完成地理大发现。但令人惋惜的是郑和下西洋后，明代再没有派遣船队远航。名扬中外的郑和航海壮举没有导致中国人去完成地理大发现。这是有深刻历史原因的。[①]

　　中国封建社会长期延续，重农抑商长期成为国策，商品经济很难发展，资本主义难于崛起，便没有地理大发现的强大持续的经济动因。与当时西欧统治者积极支持远航、发展海外事业相反，中国明代统治者仍采取重农抑商政策。抑商政策强烈地表现在对外贸易上就是海禁，制定严酷法律，禁止老百姓出海贸易。明代不让老百姓出海，甚至"片板不准下海"。但朝廷却组织了不少次政治性远航，洪武、永乐、宣德三代派遣不少使臣出使亚非各国，郑和下西洋只是其中最著名的一例。郑和下西洋的动因是政治目的并不是经济要求。1434年，郑和第七次远航归来，怀柔政策已收成效，各国已与明廷建立良好的政治、外交关系，来华使节盛况空前。郑和下西洋另一目的据说是为了寻找建文帝。但到1434年，建文帝如还在人世，也是近60岁老人，即使有复辟之心，亦已无复辟可能。况且此时把建文帝赶下台的明成祖也早已死去。于是郑和远航的政治目的消失，远航再没有强大动因。相反，郑和七次远航不仅没有像后来西欧冒险家远航那样能带来巨额利润，反而使国库空虚。每次远航耗资巨大，从而对老百姓的剥削加重，危及封建统治的基础——自然经济。致使郑和航海被统治集团内部的政敌指责为"弊政"，档案

---

① 宋正海、陈传康．《郑和航海为什么没有导致中国人去完成地理大发现？》．《自然辩证法通讯》1983年1期．

被烧毁，远航再也无法进行下去。

伟大的郑和航海没有导致中国人完成地理大发现，这就使中国失去了科技近代化的强大持续的经济动因。

第三节　传统宇宙观、地球观未能近代化

古代科学近代化本身是一场革命，其中宇宙观、地球观的变革是十分激烈的。中国传统的地平大地观、大地中心说没有得到变革，从而阻碍了相关科技领域的近代化。

近代科学在暴风雨中诞生，在血泊中成长。由于近代科学直接动摇了封建统治的思想基础，它一出生就遭到残酷的镇压。近代科学成长的历史也就是那些科学先驱者前仆后继，用自己的生命谱写成可歌可泣的历史。最惊心动魄的是围绕着哥白尼的（日心）地动说的斗争[①]。

1543年，波兰天文学家N．哥白尼临终时出版了他的《天体运行论》，向被教会奉为神圣的以地球为中心的宇宙观提出严重挑战。同年，比利时医生A．维萨留斯出版了解剖学著作《人体构造论》，向教会所宣传的人体构造观念提出挑战。因此，1543年（明嘉靖二十二年）可以说是自然科学开始从神学的禁锢中解放出来宣告自己独立的一年，也可以说是近代科学诞生的一年，开始了宇宙观、地球观的革命，这场革命被历史学家称为"哥白尼革命"。

中国科学的近代史比西方晚得多。如以1840年鸦片战争为开始，则晚297年；如以1911年辛亥革命为开始，则晚368年。由此可见，在这几百年中，中国古代科学史面对的是西方近代科学史。

---

① 许良英、宋正海．《近代科学的诞生和哥白尼革命》．载《科学技术的发展》．北京：科普出版社．1982．

在各个学派百家争鸣的古希腊"黄金时代",关于宇宙结构的模型就有多种不同的设想,有人主张地球是宇宙中心,也有人主张太阳是宇宙中心。地球中心的模型是欧多克斯(Eudoxos,公元前约400~约前347年)首先提出来的,后由亚里士多德(Aristotle,公元前384~前322年)加以发展。500年后,埃及亚历山大城的托勒密(Ptolemy,约100~约170年)修正并发展了亚里士多德的地心宇宙模型。在欧洲中世纪前期,介绍亚里士多德和托勒密的地心宇宙模型的图书曾被列入禁书之列。但是后来以托马斯·阿奎那(Thomas Aquinas,约1225~1274年)为代表的一些经院哲学家对之改造,亚里士多德—托勒密的地心宇宙体系也就被封为神圣不可侵犯的。

首先冲破这个禁区的是哥白尼。当时,天文观测的进步已使托勒密的地心体系显得漏洞百出,要维持这个体系必须进行极其繁复的计算。哥白尼发现,如果采用古希腊阿利斯塔克(Aristarchos,约公元前310~前230年)提出过的太阳中心宇宙体系,就能简单而自然地解释所观测到的天文现象。经过多年的观测、计算和反复思考,他写出了《天体运行论》,提出了日心地动说,否定了地球中心说,认为静止在宇宙中心的不是地球而是太阳。地球像别的行星一样绕太阳转动,同时又绕自己的轴自转。

哥白尼向教会递交的这份措词温和而含蓄的日心地动说论文是份挑战书,不久就震撼了整个世界。为着它,有人敢于慷慨赴死,有人甘愿终生受苦。他的后继者布鲁诺(G.Bruno,1548~1600年)、伽利略(Galileo Galilei,1564~1642年)、开普勒(J.Kepler,1571~1630年)就是这样的英雄人物。这是科学史上冲破黎明前黑暗的斗争中最为惊心动魄的一页。

十分遗憾,这场惊心动魄的近代科学革命没有产生在中国,因此1543年后很长时期,中国传统的地平大地观、大地中心说没有得到变革。中西科学体系在1840年以前的碰撞集中反映在地球观上,可举三例：（1）早在1267年（元至元四年），阿拉伯人札马鲁丁（Jama al-Din）来中国北京建观象台，制造七种天文仪器，其中有地球仪，球面还正确标出七分水，三分陆地，直观地介绍了大地球形观。但这在中国学术界和社会毫无影响，此事只作为一件趣事记录在《元史•天文志》中。（2）1584年（明万历十二年），意大利传教士利玛窦（Matteo Ricci，1552～1610年）在中国用地球观和小比例尺地图技术（经纬度、地图投影、世界地图）绘制《坤舆万国全图》，当时并未在中国制图界、航海界产生明显影响。（3）清代杨光先与西方传教士汤若望（Johann Adam Schall von Bell，1591～1666年）发生激烈的争论。杨光先反驳了大地球形的观点，并进行了嘲笑。

由于中国长期坚持地平大地观和大地中心说，从而阻碍了相关科技领域的近代化。

一、小比例尺地图体系仍未建立

地球是球形，表面是一个在平面上不可展开的曲面，绘制地图时由曲面变成平面，地表面各点（地形、地物）的相对位置必然与实际不同，这就是地球曲率半径引起的制图误差。这种误差的大小在不同比例尺的地图中是不同的。大比例尺地图图幅反映的只能是小范围的地面，近似平面，制图中就可以忽略这种制图误差。反之，小比例尺地图图幅反映的是大范围地面乃至全球，地球曲面十分明显，这就不能忽略这种制图误差了。小比例尺大范围地图为了减少这种误差，需要采用有经纬度、经纬网和地图投影的技术系统。

古希腊学者认为大地是球形，所以他们的地图学发展起小比例尺地图（技术）系统。托勒密总结古希腊地图学的成就，他的《地理学》一书中搜集有800多个地方的经纬度，建立起地球经纬网，并创立两种地图投影法。他还亲自用正轴圆锥投影法绘制了世界地图。由此可见，古希腊传统地图学属于小比例尺地图（技术）系统，而托勒密是这系统的奠基人。

中国古代地图学也很发达，达到一定水平。晋代裴秀（224～271年）总结传统制图经验，创立平面测绘的"制图六体"和缩制、拼接地图的"计里划方"法。显然这些制图理论和方法均是以平面大地为基础，根本没有考虑大地是球形。这种制图理论和方法适用于绘制大比例尺小范围地图，可以不影响地形地物平面位置的精度。一个明显的例子是西汉马王堆三号汉墓出土的地形图。此图图幅的中心部分的精度是相当高的①。由此可见，中国传统地图学属于大比例尺地图（技术）系统，裴秀是这系统的奠基人。但是中国传统地球观是地平大地观，没有大地球形观念，古代地图学虽发达，但没有像古希腊那样发展起大范围的小比例尺制图技术。不仅小范围的区域图是这样，就是现存的全国地图《禹迹图》等，尽管比例尺很小，也仍然没有采用小比例尺地图技术。正因为此，尽管古希腊出现不少世界地图，但中国在唐代以前一幅也没有过。

1584年（明万历十二年）意大利传教士利玛窦在广东绘制《坤舆万国全图》，是用地图投影在中国绘制的世界地图。但此小比例尺地图（技术）系统在此后很长时期的中国制图实践中仍没有被采用。

二、没有出现环球性航线设计，没有天文导航体系

在选择远洋航线时如考虑到大地为球形，就必然出现东行可以西达、西行可以东达的环球性航线，甚至推测新大陆的存在。古希腊有环球性航线设计。迪凯亚科（Diceakos，约公元前355～前285年），首次确立一条通过直布罗陀海峡的地球基本纬线。埃拉托色尼（Eratosthenes，约公元前275～前194年）推断，从西班牙沿此线向西

---

① 张修桂．《马王堆汉墓出土地形图拼接复原中的若干问题》．见《自然科学史研究》1984年3期．

航行可以到达东方的印度。斯特拉波（Strabo，约公元前63～公元后20年）曾明确预言新大陆的存在。自此之后，有关向西航行大西洋可以到达东方印度的问题，在学术界时常被论及。即使在黑暗的欧洲中世纪，古希腊的球形大地观也并未销声匿迹，中世纪有关"对趾地"是否存在的长期争论，正可说明这一点。对趾地是指大地另一面与自己脚掌对脚掌的地方，即证明大地是球形的。而这种争论不断激发着人们远航冒险的欲望。

1474年意大利托斯卡内利（Paolo Toscaneli，1397～1482年）把送给葡萄牙神父的一张世界地图的副本和一封信交给哥伦布，阐述了经大西洋到达东方"盛产香料和宝石的最富庶的地方"的航线。1483年法国彼埃尔•达伊（Pierre d'Ailly，1350～1420年）的《世界面貌》（Imago Mundi）一书出版，此书引用了古希腊学者的论述，证明自西班牙海岸向西到印度东海岸之间的海洋比较狭窄，是一条到印度的近路。哥伦布决心向西航行去东方，并非纯粹是冒险，实际上是受到《世界面貌》的启发，又得到托斯卡内利帮助的。

中国古代远洋航行发达：汉武帝时（公元前140～前87年）中国楼船已进入印度洋，到达印度和斯里兰卡[①]；唐代中国海船在东西洋航线颇有名气，外国商人来中国往往愿意搭乘中国海船；明初更有郑和七下西洋。但是，中国古代的远洋航行没有一次考虑到大地球形的，没有环球性的航线设计，看不到有关东行西达和西行东达的任何议论。中国古代有通向西洋的要求和持续努力，然而尽管海陆两条"丝绸之路"自然条件都十分恶劣，却从来没有人提出要向东穿越太平洋以便到达西洋。伟大的郑和七下西洋，也始终没有探索向东航行去西洋的新航线。

大洋茫茫，远洋航行常常没有地物可以参照，只能发展天文导航。西方远洋航行主要靠天文导航体系。中国航海用对景图，如《郑和航海

---

① 《汉书·地理志》.

图》等。这种航海图不仅没有目的港的经纬度，也没有目的港的方位，图上所绘的目的港位置和方位也并非是实际的。用对景图导航，无论在开始还是中途，均不知目的港的确切方向，只是利用航线各处的山形、水势、星辰位置等来判别船舶的位置，这样一步步地前进。用这种图导航，从方法上讲主要是近海航行中的地文导航。

郑和航海是世界航海史上的伟业，但没有东行西达的航线设计，也基本没有远离海岸的远洋航行，而基本是近海航行；《郑和航海图》主要绘制航线附近的山形水势，用于地文导航。

三、丰富彗星记录并未帮助发现哈雷彗星

（一）古代丰富的哈雷彗星记录

中国人未能发现哈雷彗星，表面上看只是个孤立的科学发现事件，似乎与讨论传统科技近代化问题关系不大。其实，这个例子十分典型，很能说明问题①。

由于受天人感应思想的影响，中国古代注重彗星观察，记录异常丰富，直到1911年关于彗星近日记录不少于2583次②。哈雷彗星也是中国古人早已记载的，最早可上溯到武王伐纣的殷商时代③。这是公元前1057年的哈雷彗星回归的记录。④更为确切的哈雷彗星记录是公元前613年（春秋鲁文公十四年）的"秋七月，有星孛入于北斗"。⑤这是世界第一次关于哈雷彗星的确切记录。公元前467年的"彗星见"⑥的记录则是哈雷彗星的再现记录。从公元前240年（战国秦始皇七年）起，哈雷彗星每次回归，

① 宋正海.《为什么中国人未能发现哈雷彗星》.《自然辩证法通讯》. 1996年3期.
② 据《中国古代天象记录总集》（江苏科技出版社，1988年）所载彗星史料初步统计.
③ 《淮南子·兵略训》.
④ 《中国大百科全书·天文学·哈雷彗星》.
⑤ 《春秋左传·鲁文公十四年》；《汉书·五行志》.
⑥ 《史记·六国年表》.

中国均有记录，有些记录是很详细的。由此可以推论，中国古代珍贵的哈雷彗星记录对中国人发现哈雷彗星应是十分有利的。然而事实上中国并没有成为发现者，而是让位于掌握哈雷彗星史料不多的英国人。

（二）哈雷彗星的发现

E.哈雷（E.dmond Halley，1656～1742年）是英国天文学家、数学家。他发现哈雷彗星是与开普勒行星运动三定律和牛顿万有定律分不开的。德国开普勒推翻了古希腊同心球宇宙体系和本轮均轮说中所建立的行星作匀速圆周运动的图景。这一图景在1543年哥白尼提出的革命性的日心地动说中仍然保留着，直到被开普勒彻底取消。1609年开普勒提出了他的行星运动第一、第二两条定律。第一定律是所有行星的运动轨道都为椭圆，太阳位于椭圆的一个焦点上。第二定律是行星轨道的向经（太阳中心到行星中心的连线）在相等的时间内扫过相等的面积。1619年他又提出了第三定律：行星围绕太阳旋转的周期的平方与它们的轨道长径（通过椭圆两焦点的直径）的立方成正比例。

1687年牛顿《自然哲学的数学原理》问世，在开普勒行星运动三定律的基础上发现了万有引力定律。哈雷和牛顿是学术上的挚友。万有引力定律建立的关键性一步是发现平方反比定律。虽然平方反比定律主要是牛顿(I. Newton，1642～1727年)严格推导出的，但哈雷也推导出了此定律。[①]牛顿力学体系最惊人处是把天上运动和地上运动第一次联系起来，并证明是符合统一的力学法则的。在这方面哈雷也给牛顿作出帮助。哈雷还资助了《自然哲学的数学原理》的出版。由此可见，哈雷所以能发现哈雷彗星也是建立在牛顿、哈雷等共同发展的行星运动法则和新太阳系图景的基础上。尽管彗星轨道十分扁，在当时欧洲被称为"天空中的逃犯"，但毕竟与行星轨道只有量的差异而已无质的区别了。发

---

① 《十六、十七世纪科学、技术和哲学史》. 第170页. 北京：商务印书馆. 1985.

现哈雷彗星在当时欧洲已无理论困难，只是个人机遇问题。

1703年哈雷被任命为牛津大学的几何学教授，着手解决彗星问题。他在牛顿的帮助下编纂彗星记录，并全力以赴从事彗星轨道计算。1705年他发表《彗星天文学论说》一书，阐述了1337～1698年间出现的24颗彗星轨道。其中1682年出现的彗星是他亲自观测过的，对其轨道有着深刻印象，所以他很快发现此轨道与1531、1607年两颗彗星的轨道极其相似。于是他认为，这可能是同一颗彗星在其封闭的椭圆轨道上的三次近日回归，周期约为75～76年。哈雷还预言，1758年底或1759年初这颗彗星将再度近日回归。结果在他死后16年的1758年的圣诞之夜，人们发现了这颗彗星。1759年春它通过了近日点。这颗彗星果然如期归来，而且后来又按75～76年周期归来。虽然哈雷早已逝世，但由于他的杰出工作和科学预言，这个"天空中的逃犯"被一劳永逸地驯服了，因而天文学界把这颗彗星命名为"哈雷彗星"。

（三）中西宇宙观、地球观的差距

哈雷出版《彗星天文学论说》发现哈雷彗星的1705年，在中国是清康熙四十四年。当时中国科学仍在古代时期，传统地球观仍是地平大地观。这与发现哈雷彗星时欧洲的地球观、宇宙观还隔着大地球形观、日心地动说、行星运动三定律和万有引力定律4个发展阶段。虽然中国传统天文历算擅长周期的观察和计算，制定了精密的历法，但是不了解太阳系图景，不了解行星运动定律；不了解万有引力定律，就根本无法了解彗星轨道要素。所以中国古代只把彗星的出现作为上天示警的奇异天象，称它为"孛星"、"妖星"、"星孛"、"异星"、"奇星"等，这与当时西方称它为"天空中的逃犯"是完全不同的两个概念。

四、传统潮论未能发展起近代潮论

（一）潮汐成因

牛顿《自然哲学的数学原理》系统论证了万有引力定律并在此基础上解释了潮汐的成因，建立起近代潮论。

近代潮论揭示，海洋潮汐成因是由两个因素组合而成的。首先是万有引力，天体，特别是月球对地球大洋水体的吸引，即引潮力。在引潮力作用下，大洋水体在月-地连线方向上的地球两端隆起，形成大洋椭球体。但如果地球没有自转，大洋椭球体隆起部分停留在原地，就不会形成潮汐现象。第二个因素便是地球自转。地球自西向东自转，隆起水体就在大洋中自东向西相对运动，形成潮流。潮流到达河口海岸处因地形骤然狭窄变浅，就迅速上涌形成潮汐。

太阳对地球水体也有引潮力。只不过太阳远比月亮离地球远，所以引潮力小得多，故太阳引潮作用不明显表现在潮汐周期上，而是表现在一朔望月中潮汐大小有着周期性的变化上。

（二）浑天论潮论是地平观和大地中心说

中国古代的潮汐记录不仅丰富，而且理论水平较高，并涉及引潮力即元气自然论潮论，也早已涉及日、地、月三者的相对位置变动即天地结构论潮论，并应用精确的天文历算方法在潮汐周期计算上，故十分精确。虽然在两个成潮因素上均有成果，但中国古代潮论仍没有进化出近代潮论。

从天地结构论潮论看，唐代以后占统治地位的宇宙论是浑天论，但浑天论潮论中的大地形状是地平的。[①]浑天论潮论认为，天圆而地方，大地浮于平的海面，天球又包着它们，潮水是某种外力推动海水，冲向陆

---

① 宋正海.《中国古代传统地球观是地平大地观》. 载《自然科学史研究》1986年1期.

地而引起的。至于什么原因推动海水上冲成潮，各家有所不同：东晋葛洪提出，天河水、河水、海水三水相荡激涌成潮；唐代卢肇提出日激水成潮；五代邱光庭则提出地中气出入大地升落成潮等。中国古代浑天论潮论是以地球中心说和地平大地观为基础的。而近代潮论是建立在大地球形观、日心地动说、行星运动定律以及万有引力定律基础上。所以浑天论潮论无法进化到近代潮论。

中国古代认为，月亮、海水均属阴，两者同气相求，相互吸引。但这与万有引力有大的差别，因为太阳属阳，不能吸引海水，故无法用于解释潮汐在一朔望月中的大小变化。

第四节　还原论科学定义的提出和科学主义崛起

近代科学是古代希腊、中国、印度以及中世纪阿拉伯科学的继承和发展，但两者有着本质的区别。古代科学，基本上处于现象的描述、经验的总结和天才的思辨阶段，而近代科学则把系统的观察和实验同严密的逻辑体系结合起来，形成以实验事实为根据的科学体系。

明末开始，西方近代科学技术开始传入中国，最杰出的是意大利传教士利玛窦绘制的反映新地球观的《坤舆万国全图》和翻译反映形式逻辑的《几何原本》。清代中叶以前，中国国力强大，统治者和士大夫对西方科学技术不以为然。保守者更视西方科技成果为"奇技淫巧"。

清末，统治阶级日趋腐败，鸦片战争（1840～1842年）、甲午海战（1894年）、八国联军（1900年）等侵略战争连续爆发，大清帝国在列强的坚船利炮下，国门被打开，订立了一系列不平等条约，中国开始沦为半封建半殖民地。直到此时，中国人才惊醒，认识到西方先进技术成果和工业文明的价值，深刻认识到西方产生的还原论科学的先进性。于是还原论科学在中国人心目中的地位迅速膨胀，上升到涉及民族振兴、国家富强的地位。与此同时,中国传统整体论科学被轻视、无视、歧视。中国古代无科学论泛滥,或称中国传统科学是"玄学"、"迷信"、"伪科学",流毒至今。

一、"科学救国"与中国古代无科学论泛滥

1840年以后,列强的侵略给中国人民带来了无尽的耻辱和灾难,不少受西方先进思想影响下的中国人举起了"救亡图存"的大旗,提出了各种不同的救亡方案。科学救国思潮就是在这一特定的历史背景下产生和发展的。

鸦片战争中,林则徐亲眼目睹了洋枪洋炮的精良和威力,认为英军"以其船坚炮利而称其强"、"乘风破浪是其长技",同时也看到中国军队"器不良"、"技不熟"、"船炮之实不相敌"的落后状况。于是首先提出"师敌之长技以制敌"的口号。作为近代中国睁眼看世界的第一人,林则徐率先吹响了学习西方先进科技来救国的号角。魏源秉承了林则徐的思想,在1842年出版的《海国图志》序言中谈到写此书目的时说:"是书何以作?曰:为以夷攻夷而作,为以夷款夷而作,为师夷长技以制夷而作。"

科学救国思想从鸦片战争时期萌芽,经历了洋务运动、辛亥革命,到五四时期发展到了高潮。这一轨迹就是近代中国学习西方科学技术不断深化的过程。

科学救国在1914年有了大的发展。当年6月任鸿隽在美国康奈尔大学发起创建中国科学社,旨在以宣传科学救国,并创刊《科学》杂志。其后在科学救国大旗下,中国许多优秀知识分子留学海外向西方学习先进的科学技术,为中国的科技进步和经济发展作出历史性贡献。但因缺乏辩证性思想和全盘性考量,矫枉过正,以还原论的"科学"定义为标准,得出"中国古代无科学论"的结论,促使中国传统整体论科学的迅速消亡。

当时被国人推崇的西方科学是一种与中国传统整体论科学本质不同

的还原论科学，其主要基础正如爱因斯坦1953年4月23日给J．S．斯威策的信中所说，形式逻辑体系（在欧几里得几何学中），以及系统的实验。近代还原论科学是在西方工业文明中培育壮大起来的，成为工业文明时代的佼佼者，而各国在农业文明中培育起来的传统整体论的民族科学在工业文明时代是相形见绌的。

由于中西科学体系的本质不同，还原论科学引入中国时，国人就另用从日本翻译的分科之学的"科学"一词冠之，而没有用已有的"格致"一词。于是，中国科学界许多科学救国的先驱人物大谈中国古代无科学论；热烈讨论中国古代无科学的原因，这就造成了中国古代无科学论的泛滥。

这些科学救国先驱者所说的无科学意思，只是指无西方的还原论科学而已，并非真的认为中国古代没有科学，甚至没有整体论科学。这一点应该说很是清楚的，这可以从竺可桢的文章中分析出来。竺可桢（1890～1972）是卓越的科学家和教育家。1918年，他怀着科学救国的理想从国外回到了祖国，为引进西方先进地理学、气象学作出了杰出的贡献。后来他成为新中国科学事业的早期领导人之一。竺可桢有关中国古代无科学论至少有两篇文章：《中国实验科学不发达的原因》（1935年）[①]、《为什么中国古代没有产生自然科学》（1946年）[②]。在《中国实验科学不发达的原因》的开头，竺可桢就明确强调中国古代实际是有科学的，说："中国古代对于天文学、地理学、数学和生物学都有相当的贡献，但是近代的实验科学，中国是没有的。实验科学在欧美亦不过近三百年来的事。意大利的伽利略可称为近代科学的鼻祖，他是和徐光启是同时候的人。在徐光启时代，西洋的科学并没有比中国高明多

---

① 竺可桢．《中国实验科学不发达的原因》．载《国学半月刊》7卷4期（1935年11月）．后编入刘钝、王扬宗．《中国科学与科学革命》．沈阳：辽宁教育出版社．2002．
② 竺可桢．《为什么中国古代没有产生自然科学》．载《科学》28卷3期（1946年9月）．后编入刘钝、王扬宗．《中国科学与科学革命》．沈阳：辽宁教育出版社．2002．

少。"这段话较全面又较集中反映了竺可桢对中国古代无（自然）科学论的基本观点的实际思想，但也反映出当时学术界对"科学"定义的一种迷茫。

二、科玄论战

（一）经历

1918年12月底，第一次世界大战结束不久，张君劢与丁文江等人随梁启超出游欧洲，目的是看看这场空前浩劫怎样收场。梁启超在《欧游心影录》中，专辟《科学万能之梦》一节叙说：当时讴歌科学万能的人，满望着科学成功，黄金世界便指日出现。如今功总算成了，一百年物质的进步，比从前三千年所得还加几倍。我们人类不仅没有得着幸福，倒反带来许多灾难……欧洲人做了一场科学万能的大梦，到如今却叫起科学破产来。这便是最近思潮变迁的一个大关键了。1923年2月14日，张君劢在清华学校作了题为《人生观》的演讲，强调科学无论如何发达，而人生观问题之解决绝非科学所能为力，唯赖诸人类之自身而已。演讲词刊于《清华周刊》第272期。地质学家丁文江阅后质问道：诚如君言，科学而不能支配人生，则科学复有何用？于是撰写《玄学与科学》一文，刊载于当年《努力周报》48、49期，痛责自己的挚友张君劢被"玄学鬼"附了身。正如梁启超支持张君劢观点，胡适则支持丁文江观点。论战两派阵线分明，中国近代思想史上那场著名的"科玄论战"，由此爆发。

（二）实质

科玄论战是五四思想启蒙活动的发展，又是东西方文化论战的继续：以张君劢、梁启超为代表的"玄学派"（实为"道德派"）是东方文化派；以丁文江、胡适等人为代表的"科学派"是西方文化派。论战吸引了几乎中国全数的知识精英参与。但从当时阵容与说理的知识性看，科学派占据绝对上风。

80年来，对科玄论战的评述很多，各有精辟之处。最近《重温"科玄论战"》[①]一文比较简练和全面，值得引述供参考。该文说："'科玄论战'，透示了那个时代的中国知识分子在中西之辩背景下寻求民族出路的内在焦虑。胡适们未始不知道道德价值对一个民族心灵安顿的重要性，但考虑到在现实中处处挨打的中国'还不曾和科学行见面礼'，'正苦科学的提倡不够，正苦科学的教育不发达'，概言之，'中国此时还不曾享着科学的赐福，更谈不到科学带来的灾难'，因此，他们这些'信仰科学的人'看到有'名流学者'出来'菲薄科学'，'不要科学在人生观上发生影响'，便焦虑万分，不得不'大声疾呼出来替科学辩护'了。……梁启超们未始不知道科学在其限度内可以给民族生存带来福祉，尤其对于科学上落后、物质上贫穷、政治上孱弱的中国来说，发展科学、兴办工业、变革政治将是必走的道路。正因为如此，国人才须对'科学万能'论可能带来的后果保持足够的反省。"由此可见，科玄论战所论及的经济发展和道德建设这一对矛盾也是当前我们改革开放中必须同时处理好的问题。

三、《旧医登记案》

中医是中华民族医学，几千年来为民族的繁衍发展保驾护航，立下了不朽的功勋。但它是整体论科学，与以科学实验和形式逻辑基础上建立的还原论科学有本质的不同。它是近代中国仅存的民族科学，但西医传入中国后，中医不断受到批评甚至出现要消灭中医的论调也是必然的。

1929年初，新成立的国民政府卫生部主持召开了一次全国中央卫生会议，参加者只是各个通商城市的医院（西医）的院长、著名医生和

---

① 孙秀昌.《重温"科玄论战"》.《博览群书》.2009年9月7日.

少量的卫生行政人员。结果通过了一个《旧医登记案》，规定所有未满50岁、从业未满20年的中医从业者均须经卫生部门重新登记，接受补充教育，考核合格，由卫生部门给予执照，方可营业。在中西医势同水火的情势下，由西医来考核登记，决定中医命运，结果必然要取消中医，而且议案行文，很明确地提出要废止中医，登记只是一种废止的过渡办法。议案一出，全国哗然，中医界发起一场颇有声势的请愿抗议活动，结果是《旧医登记案》无法执行，最后就不了了之。

　　1929年，废止中医政令出台是有深刻的社会原因的。10年前发生了五四运动，其启蒙意义是通过反传统来弘扬科学与民主。1923年的"科玄论战"实际是五四思想启蒙运动的继续，吸引了几乎中国全数的知识精英参与论争，结果是科学派占据绝对上风。这种格局直接影响知识界对中医学的态度。1929年事件以后，中西医摩擦时断时续，从未完全停止过。"中医的命运恰似一面巨大的文化透镜，聚敛着百年来中学与西学、传统与现代、科学与人文、民族主义情绪与科学主义思潮、农耕文明与工业文明、都市化与田园情结等各种冲突与张力。从这个意义上讲，它是一个文化标本，值得从文化史、思想史角度作系统的审视与清理"。[1]

第五节　国学自然性的丢失

　　国学是以中国传统探索天（宇宙）、地（地球）、生（生物）、人（人类社会）及其相互形成的大系统的学问。显然国学包括自然和人文两大部分，二者是密不可分的。自然科学是在社会提供的条件下发展

―――――――――――――
① 王一方、邱鸿钟.《中医百年：嬗变与彷徨——中国医学的人文传统与科学建构》.《医学与哲学》1999. 20.

的，也是为了解决社会发展问题，如农业、水利、历法、抗灾、医疗等提出的种种科学技术问题而发展的；而科学技术的发展也确实大大推动了社会的顺利运行和进步。国学研究中自然性的丢失，则是近代西方还原论科学传入，传统科学体系遭到厄运，特别在五四运动、"科玄论战"、科学救国等重大政治运动后，"中国古代无科学论"泛滥的直接结果。具体分为两个阶段：

一、科学的狭义定义把传统科学排挤在"科学"之外

科学是关于自然界的知识体系，所以各国各民族都有科学。有5000年古文明的中国有发达的"关于自然界的知识体系"，故有发达的科学，但没有用"科学"而是用"格致"一词。"格致"即中国古代对科学的称谓。

清末民初，传入中国的还原论科学建立在科学实验和形式逻辑基础上，中国人不熟悉这种与传统科学体系明显不同的西方还原论科学，感到新奇，故只强调了区别，因而当时没有用"格致"一词进行包容，而是采用了日本明治维新引进西方科学时产生的"科学"一词以示区别。

但是由于五四运动高举科学与民主两面大旗，"科玄论战"深入学界，对中医的发难严重到要发布取消中医的政令，有无还原论科学变成了国家能否强大的问题，于是还原论科学体系的特征（科学实验、形式逻辑）也水涨船高变成了判定科学理论正确与否，乃至区分"科学"与"非科学"的终极标准。在这种强大的政治性社会语境下，中国古代没有还原论科学变成了中国近代科学技术、经济国力落后的总根源。所以国学研究抛去古代发达的自然科学成果，丢失自然性就是顺理成章的了。

二、 还原论科学体制阻碍 "科学" 广义定义的回归

凡 "文革" 前上大学的人应该清楚记得，新中国建立后大学的历史唯物主义和社会发展史课程中，科学与文学、艺术、哲学、伦理、法律等一起归在社会结构的 "社会意识形态" 中的。此时， "科学" 一词已明显从专指近代还原论科学体系扩大成包括所有科学体系的广义名词。这也就是《辞海》中所述的科学定义。实际上《大英百科全书》等国外权威辞典对 "科学" 一词的定义基本上也是广义的。

但是体制的力量是强大的，正是还原论科学体制阻碍了 "科学" 广义定义的回归。

尽管1949年后，为了增强民族自尊心的爱国主义教育需要，中国十分重视发掘古代科技遗产。1957年，中国科学院成立自然科学史研究室（自然科学史研究所前身）。继后，中国科技史学会成立；《自然科学史研究》创刊；涌现了大量中国古代科学史的论文和文章；出版了大量专著、论文集和工具书；翻译了李约瑟《中国科学技术史》（多卷本）大书；编写了《中国科学技术史》大丛书，有力地推动对中国古代科技成果的发掘。这些丰富的高水平的成果本来对于恢复国学自然属性是有巨大作用的。但十分遗憾，这方面作用并不明显，国学自然性并未因此恢复，这是有深层次原因的。

由于历史的局限性，1949年后，我国自然科学体制仍是还原论体制。在这样体制制约下，我国科学史研究事业再发展也是难于突破还原论框架的，因而仍然阻碍了自然国学发展以及国学自然性的回归。我们对此归纳了三点原因[①]：

（1）在还原论统治下的分门别类的研究使这些历史性科学产生了许多分支学科，中国古代自然科学史研究模仿现代还原论科学体系，也

---

① 宋正海．《自然国学和中国古代自然科学体系分属于中西两大学术体系》载《自然国学——21世纪必将发扬光大的国学》．北京：学苑出版社．2006．

分门别类形成很多分支学科。首先分成天文学史、数学史、物理学史、地学史等学科。接着又划分次一级学科，如地学史又分成地质学史、地理学史、气象学史、海洋学史等。地质学史又分成矿物学史、古生物学史、大地构造学史、地震学史等。中国古代自然科学史这种空间上的分门别类体系，的确较详细地搞清了中国古代科学的一些概念、定律、理论发展的情况，积累了大量史实，但忽视了古代科学的整体观和整体发展的历史事实，即忽视了科学技术的内在联系及其科学发展与社会、哲学、文化的密切关系。于是，综合性的学科如科学思想史、科学社会史、科学文化史、科学哲学史因不受重视而至今十分薄弱。在还原论科学观统治下，中国古代科学中十分发展的河图、洛书、周易、风水、预测等内容均不能列入研究探索之列，相反统统被打成"伪科学"而"一劳永逸"了。这不仅无视古代科学的真实历史，在当前也无法弄清其中的科学成分，以及如何正确批判继承自然科学遗产。

（2）西方近代科学观，迷信物的力量，忽视人文作用，缺乏人文关怀，只强调征服自然。在这种西方近代科学观指导下，在中国古代自然科学史研究中一味强调科学史是人类对自然界的征服史，忽略了自然科学发展中的种种人文作用和文化结果，因而不重视中国农业文明普遍的天人合一观和天地人三才理论，更缺乏对科学与伦理、道德关系的研究。

（3）在西方近代科学观的束缚下人们普遍认为中国传统科学是落后的东西，因而在当代已十分先进的21世纪科学技术中不可能发挥出任何积极意义。他们也谈研究中国古代科学史的现代功能，但只发掘成就并以此证明中国劳动人民是勤劳、勇敢、智慧的，因而是大有希望的。但忽略了对中国传统自然观、科学观、方法论，乃至科学精神的研究，忽略了对中国传统文化中的现代科技创新功能的开发。

当前有的科学主义者无视历史常识，无视半个世纪前"科学"已由狭义到广义的历史演变，继续把还原论科学体系当成整个科学体系，不

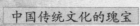

承认中国古代有科学；这势必会阻碍发挥中华整体论文化和科学传统的优势，同时也不利于现代科技创新。

　　自然国学的衰微只是科学发展历史的一个阶段而已。尽管整体论的民族科学创新不是一帆风顺，但自然国学的复兴已是科学历史发展的必然。

第七章

自然国学的复兴

近400年来，西方近代还原论科学（实证科学）体系充分扩展，席卷世界，这在科学史上是个巨大进步。但相应的一个重大损失是各国整体论的民族科学体系迅速萎缩，甚至被普遍地遗忘了。

但是，自然界毕竟是有着复杂内在联系的自然综合体，是部分与整体的统一；线性发展与非线性发展的并存。相应地，科学观和科学方法也必然需要分析与综合的结合；结构研究与功能研究的统一；线性研究与非线性研究的共同发展。还原论科学虽有突出优势，但不可否认，在复杂性探索、整体论、综合方法、功能性研究、非线性研究方面毕竟不重视，因而不充分发展。

还有，近代还原论科学加速了人类征服自然的能力，也引发了人的贪婪和无休止的掠夺，恶化了大自然的整体良性发展，激化了人与自然的矛盾，严重威胁到人类社会持续发展。于是科学的整体研究迅速发展；人与自然的协调发展得到重视。于是整体论的天人合一论的中国传统文化的现代科技价值越来越明显，自然国学开始复兴，21世纪必将是自然国学全面崛起的世纪。

第一节 传统文化的现代科技创新功能的显现

在还原论科学体系占统治地位的学术界，自然国学复兴是困难重重的。因此这种复兴首先开始是传统文化的现代科技创新功能的显现。目前学术界越来越多人士认为：（a）他山之石，可以攻玉，中国传统整体论科学文化与当代科技探索相结合可以带来"灵气"，具有巨大的科技创新能力。（b）中国古代异常丰富的自然记录是难得的自然史信息宝库。

一、中国古代自然史料的现代应用

由于有机论自然观和天人感应思想的影响，中国古代特别重视自然灾害和异常的观测与记载。古代文献中自然史料不仅数量巨大，而且有着类型多、系列（时间）长、连续性好、综合性强等优点。古代遗存和文物也保存有相当多的自然变动的痕迹。这是中国古人留给今人，贡献给世界的一个自然史信息宝库。

二次大战结束以来，由于资源危机、能源危机、生态危机的加剧，自然史研究得到空前重视。发达国家对大自然变动的监测和研究已大大加强，但是一个明显的局限是所获资料的系列均很短，无法用来研究自然史的中、长周期规律。而中国古代长达几百年到几千年的自然史记录可以有效延长资料系列，形成由古自然资料（地层）——历史自然资料（文献、文物）——观测资料（仪器）组成的大自然变动的资料系列。这有助于全球变化研究、有助于自然灾害预测和国民经济远景规划的自然背景评估。成功事例有：

（1）古代客星记录与当代天体演化探索。1921年瑞典天文学家隆德马克（Lundmark）首先注意到金牛座蟹状星云在天球的位置与《宋史·天文志》等中国古籍所记录的1054年（北宋至和元年）的客星（超新星）的位置相近，估计两者可能有因果联系。1942年荷兰天文学家奥尔特（J. H. Oort）证明，蟹状星云就是中国1054年超新星爆炸的遗迹。[①]1952年苏联无线电天文学家什克洛夫斯基（И．С．Шкловский）发现仙后座强射电源与中国古籍记载的369年（东晋太和四年）客星也有因果关系。这些天体演化探索的重大发现，使世界天文学界十分兴奋。苏联科学院天文委员会"向中国科学院请求研究

---

① 汪珍如．《中国的古客星记录与现代天文学》．载《传统文化与现代化》．1993年1期．北京：科学出版社．1958．

中国的史志。"①。竺可桢副院长将此任务交给了席泽宗。席系统收集、研究，完成《古新星新表》②。此表受到国际天文学界好评。

（2）利用类型多、系列长、连续性好的中国古代自然灾害和异常史料可以制成许多种类年表。对不同自然现象的对比研究，有力地推动自然史的横向研究，从而发现了大量自然现象间的相关性。特别重要的成果是中国的历史自然学家发现，不少自然现象的频度在16、17世纪形成明显峰值，于是定名为"明清灾害群发期"③。在时段上它与国外提出的单现象的气候"小冰河期"、太阳活动"蒙德尔极小期"相当。后又相继发现"夏禹洪水期"④、"两汉群发期"⑤等。中国古代自然灾异群发期现已有较系统的总结。⑥群发期和群发性的发现促进了地球四大圈层相互关系研究和历史天文地学在中国的发展。

（3）王嘉荫对中国古代地震史料系统研究，发现在一地震区域的不同地震活动期中，震中有着某种规律性的迁移过程，从而提出"地震线"概念，初步指出了某些地震线的位置、方位和交叉点。这对地震地质学、地震预报有较大价值。

（4）竺可桢应用中国古代丰富的气温史料和文物所载信息，重建中国近5000年的气温史，发现多个变化周期。1972年他发表《中国近五千年来气候变迁的初步研究》⑦一文。此文不仅标志着历史气候学进步，也显示了中国古代自然记录在当代气候变迁研究中有着特殊作用。英国《自然》周刊评价："竺可桢论点是特别有说服力的，着重说明了

---

① 什克洛夫斯基.《无线电天文学》（中译本）. 第170页. 1958.
② 席泽宗.《天文学报》. 3卷（1955年）2期.
③ 徐道一、李树菁、高建国.《明清宇宙期》.《大自然探索》. 1984年4期.
④ 任振球.《公元前2000年左右发生的一次自然灾害异常期》.《大自然探索》. 1984年4期.
⑤ 高建国.《两汉宇宙期的初步探讨》.《历史自然学进展》. 北京：海洋出版社. 1988.
⑥ 宋正海、高建国、孙关龙、张秉伦，《中国古代自然灾异群发期》, 合肥：安徽教育出版社，2002.
⑦ 竺可桢.《中国近五千年来气候变迁的初步研究》. 中文稿载《考古学报》1972年1期.

研究气候变迁的途径。西方气象学家无疑将为获得这篇综合性研究文章感到很高兴。"①

（5）1976年埃迪（J. A. Eddy）提出，1645～1715年太阳活动异常衰微，可称之为"蒙德尔极小期"；进而认为太阳活动在这极小期中不存在11年周期，从而引发天文学界的激烈争论。中国学者应用中国古代太阳黑子和北极光史料，进行分析，证实了11年周期的存在，初步解决了争论。

（6）古矿史料有助于当代浅层优质矿床的再发现。古代找矿水平低，所以开采的矿基本是露天或浅层矿。但实际深部矿体往往更大。古代冶炼水平也低，所以开采的矿又基本是品位的优质矿。所以古矿史料的研究有助于当代浅层优质矿床的再发现。李鄂荣在《古代矿业文化与当代矿产资源的勘探》②一文中明确指出，湖南锡矿山锑矿、湖南钨矿、江西德兴铜矿、大冶铁矿、山西中条山铜矿、甘肃白银厂铜多金属矿田的发现和扩大均与古代矿业文化有关。

二、大型工程论证的历史模型法

大型基本建设工程是百年大计，因此设计不能有大的差错。工程设计的论证常用物理模型法和数学模型法。这两种方法必须简化边界条件，因而在很长时间内只适用于不太复杂的工程设计中。

大型工程是个复杂问题，首先面临未来多变的环境，工程与环境关系不易搞清楚。例如，流域水量未来变化与水坝高程的关系。又如，工程地点未来地震形势与工程抗震系数的关系，这均是很难确定的。这不仅导致工程规模和结构难于确定，也可能导致（工程）系统的崩溃。

20世纪80年代周魁一提出"历史模型法"，根据对古代严重的自然

---

① 《竺可桢生平与贡献》. 载《竺可桢文集》. 北京：科学出版社. 1979.
② 李鄂荣. 《古代矿业文化与当代矿产资源的勘探》. 《中国传统文化与现代科学技术》. 杭州：浙江教育出版社. 1999.

灾害的记录和痕迹的研究，得出历史上某次特大自然灾害的基本自然数据，可作为工程设计和论证的基本依据。历史模型法是一种宏观的论证方法，在对付百年一遇、千年一遇的特大自然灾害的大型基本建设工程中是作为基础性论证的。成功事例有：

（1）20世纪50年代，苏联帮助我国设计并建立156个工矿单位，后又增加49个。依照设计程序，大型基本建设工程必先知道建设地点的地震烈度。然而我国地震台站抗战前只北京鹫峰和南京北极阁两处，覆盖地域不大，观察年份不长。李四光提议利用历史地震资料来解决。中国科学院历史研究所第三所（现中国社会科学院近代史所）花两年的时间，查阅三十几部正史，3000多种地方志，收集大量地震资料，汇编成《中国地震资料年表》[①]。中国科学院地球物理研究所根据资料，制成历史地震震中分布图、中国地震区划图，完成地震烈度表，从而为几百项大型基本建设工程选定了安全地点、确定了工程抗震系数。

（2）黄河小浪底工程的大坝高程设计，是根据1843年的黄河洪水的复原研究成果。

（3）长江三峡工程的防洪设计，以出现1870年大洪水时下游荆江大堤不决口为前提。

（4）三峡库区历史岩崩、滑坡的调查研究，为库区县城新址选点和水库安全提供了重要依据。

三、中国整体论思维与当代复杂性科学

中国古代整体论思维与当前从还原论科学脱胎出来的系统科学不完全相同，各有所长。传统整体论思维，特别是中医思维，对当代复杂性科学的世界性崛起，有着启发作用。成功事例有：

（1）耗散结构理论创始人普里戈金（I.Prigogine）、协同学创

---

① 《中国地震资料年表》. 北京：科学出版社. 1956.

始人哈肯（H.Haken）等人均谈到中医等中国传统整体论思维对他们各自的系统理论的创建有着启发作用。据清华大学系统论学者说，维纳（N.Wiener）创建信息论主要在清华工作期间，并可能得益于刘仙洲的中国古代机械史研究成果。

（2）李世辉创立地下工程设计中预测围岩稳定性的典型信息法，其研究思路与《周易》取象比类一脉相承，是中西文化融合的成果。此方法解决了二滩水电站导流洞、小浪底水利枢纽地下厂房等复杂性工程技术问题①。此规范已纳入中国人民解放军《防护工程技术规范》。

（3）郑继兵对清代江永《河洛精蕴》一书进行深入研究得到特殊数图（幻方、纵横图），以此建造的"易经柱"有着特殊的场效应。用此原理制成的和合治疗仪，已经过多年严格的检测，已确定对许多种疑难疾病有着明显的治疗作用。

四、传统科技文化基因的现代创新功能

中国科技传统是在中国古代特定而漫长的自然——社会——文化环境中形成的，具有某些稳定的特征，可称为传统科技文化基因。将这类传统文化基因注入当代科技前沿探索中，有利于重大原始创新。成功事例有：

（1）中国古代数学不发展演绎几何学，但充分发展程序性算法。吴文俊受传统数学程序性算法的启发，将几何问题证明用数学方程来表示，然后应用电子计算机这种高速计算新工具，推动了机械化数学发展，②获得了国家科学最高奖。

（2）相对西医，中医整体论的阴阳平衡原理和扶本祛邪方法对癌

---

① 李世辉.《"取象、比类、运数"的现代方法论意义——以二滩水电站导流洞设计复核成功为例》.《中国传统文化与现代科学技术》.杭州：浙江教育出版社.1999.
② 王渝生.《传统数学的机械化特征与21世纪数学发展》.《中国传统文化与现代科学技术》.杭州：浙江教育出版社.1999.

症、艾滋病、非典等各种疑难病表现出较明显的优势。当前国外，针灸热、中医中药热、中华养生热，一浪高过一浪，不是偶然的。

（3）古代"失蜡法"（熔模法）是中国古代铸铜铁佛像或工艺品的常用方法，能保证铸件表面有高的光洁度。近代虽出现了各种先进金属精加工机床，但均无法加工形状复杂的部件。当代由古代"失蜡法"发展起来的精密铸造，已满足了这种特殊要求。

（4）学术界有关莱布尼茨（Gottfried Wilhelm von Leibniz，1646～1716年）是否受到伏羲八卦图启发才发明二进制问题长期争论激烈。比利时华人胡杨、李长铎经考证大量国外原始文献以及莱布尼茨本人信件后，出版了《莱布尼兹二进制与伏羲八卦图考》①，充分证明，莱布尼茨的确是看到伏羲八卦图之后才发明二进制的。

五、天人合一论与当代人与自然协调发展

中国古代博大精深的天人合一论对当代正确处理人与自然协调发展有着广泛而深刻的指导作用。成功事例有：

（1）当代环境和生态学者普遍推崇中国古代天人合一论的启示作用：在区域开发中，中国传统强调尊重自然，因地制宜，按自然规律办事；古代治水中的"不与水争地"的思想和做法对于当代河流行洪区的退耕还河、还湖以增强防洪能力，有指导意义；长达几千年的"四时之禁"，藏传佛教的"禁春"以及古代经典有关捕鱼中限制网眼等规定，对于当代保持生物资源的持续发展也是有指导意义的。

（2）人与自然和谐的理论已在当代城市规划、小区建设、建筑设计、室内装饰中得到广泛应用。

（3）古代"人与天地相参"理论已在全民体育和养生中发挥指导

---

① 胡杨、李长铎.《莱布尼兹二进制与伏羲八卦图考》. 上海：上海人民出版社. 2006年8月.

作用，传统体育、中医养生已全面推广。

（4）传统和谐文化不仅强调人与人之间"和为贵"，也强调"众生平等"，这对当代生物多样性概念的崛起、自然保护区的建设以及保护珍稀濒危生物事业的发展均有促进作用。

六、科技传统缺陷研究与当代科技发展

任何一个民族的文化均有着长处（光辉）和缺陷（暗区）两个方面。只谈成就不研究缺陷，很难全面认识科技文化传统，更谈不上能深刻探讨中国近代科学落后的原因，以及当代科技现代化在充分发挥民族文化优势时如何扬长避短或扬长补短。当代应该主要吸取的有两方面教训：

（1）中国传统科学发展整体论：重综合性的科学观察而轻分析性的科学实验；长于辩证逻辑而弱于形式逻辑，公理化体系未形成。当代在大力发展整体论科学的同时，仍需大力发展还原论科学。

（2）中国古代过分信奉经典，迷信权威，对于先贤的结论奉若神明，不敢突破。古代长期坚持地平观、化生说、黄河伏流重源说等错误理论均是信奉经典、迷信权威的结果。科学精神最根本的是尊重实践，没有任何迷信，才能不断创新。

第二节　还原论科学体系局限性显现与
整体论科学体系优势凸现

两次世界大战的爆发，科学（还原论）万能论被打破。第二次世界大战结束以来，面对越来越多的自然史问题以及人与自然的冲突等大量复杂性科学问题，还原论科学分门别类的小学科体系局限性已越来越显现，整体论科学体系的优势已明显凸现。

一、小学科的局限与综合研究兴起

（一）科学实验的当代困惑

在还原论科学占统治地位时，科学实验及其重复性通常用来作为科学理论真实性的至高标准。科学实验是指科学上为阐明某一现象而创造条件，以便观察它的变化和结果的过程，如力学实验、物理实验、化学实验。科学实验通常在实验室中创造特定条件，使众多边界条件在实验过程中不变或不起明显作用，从而可正确考察某两种要素之间的动态关系。科学实验至今多用于研究系统较简单、边界条件较少的运动形态。

其实科学实验只是科学实践中的一种。科学实践主要包括科学观察和科学实验。科学观察是有计划、有目的地用感官来考察现象的方法。这种方法在古代就相当发展，而且至今不衰。在古代无论东西方，科学实验均很少，不是科学发现的主要源泉，更谈不上是检验科学真理的唯一标准。

近代科学迅速发展起来，并建立了牛顿力学体系。当时是工业文明阶段，机器广泛地代替人力、畜力。由于研究对象比较简单，还原论分析方法就可以来解决广泛科学问题，科学实验方法充分发展起来，形成至高地位。然而即使在近代科学时期，科学实验的重要地位也只局限在探索简单性的力学、物理学、化学等科学领域，而在天体史、地球史、生物史、人类史等广阔的自然史领域中也没有上升到主要地位。

当代，自然史问题、人与自然的关系已成为科学热点。气候变迁、资源能源危机、海平面升高、沙漠扩大、地震火山活动、旱灾、洪灾、泥石流、水土流失、珍稀生物濒临灭绝、非典型性病流行等重大社会性的科学问题基本是复杂性问题。在复杂性领域，科学实验虽也有大的发展但始终未上升为主导地位，而且只是科学观察的一种延续，如矿物检定、土壤分析、同位素年代测量、遥感信息分析等。这些名为实验，但实际只是科学观察的室内鉴定。目的不是所谓重复性，而是检测不同样品的反映各自特性的数据。

学术界预测21世纪是什么时代，众说纷纭，莫衷一是。但不管是什么时代，已不是大物理学时代而是复杂性研究时代。

（二）天地生人综合研究的崛起

当代科学潮流由分析型向综合型的过渡；人与自然关系由基本对抗开始向协调发展。交叉学科如雨后春笋；综合研究异常活跃。20世纪60、70年代，邢台、海城、唐山地震严重，气候异常也十分严重。于是多学科联合的灾害综合研究和预报充分发展起来。在此大形势下，富有挑战性的大跨度的天（宇宙）、地（地球）、生（生物）、人（人类社会）综合研究在中国迅速崛起。

1983年，一个以多学科综合研究灾害预报的群众学术团体——张衡学社在北京大学成立。

80年代，在全国科协及其所属十多个学会支持下，在北京召开了第一、第二、第三届全国天地生相互关系学术讨论会，科协主席钱学森两次（第二届、第三届）亲临指导。这些会议有力地推动了天文地质学、天文地震学、地震气象学、地球圈层相互关系、地球表层学、人与自然关系、灾害学、历史自然学、有机论自然观的现代价值等大交叉科学的发展。

1990年，"天地生人学术讲座"成立。其宗旨是"促进自然史研究和科学史研究；科技史研究和社会文化史研究的综合；加强人与自然关系基本理论的探求；推动自然科学与社会科学的联盟；提倡在研究中充分发挥民族文化的优势，充分利用中国自然环境的特点。为在中国繁荣天地生人学术研究，促进四化建设作贡献。"20多年来举办了近1000次讲座，包括3000个学术报告。在我国正迅猛崛起的科学文化整体化大潮中，涌现出大量的类型丰富的高水平学术成果，开拓出一些新领域、新学科、新课题。

（三）科技史从单纯内史研究向内外史综合研究的转化

自然国学是近代还原论科学传入中国前，中国本土的学术体系。中国古代自然科学史研究已有近百年历史，但仍属于当前占主流的还原论科学体系。由此可见自然国学与中国古代科学史在当前分属中西两种科学体系。

通过近百年，特别近60年来中国科学史工作者研究，大量古代成就被发掘出来，已有力驳斥了中国古代无科学的谬论。但是在还原论科学观的束缚下，自然科学史也主要是分门别类研究，学科越分越小。中国古代自然科学史尽管发掘了大量内史资料，较详细地研究了中国古代科学的概念、理论的进化，但忽视了科学技术的内在联系及其与社会、哲学、文化的关系。自然国学重视天地生人综合研究，推动了科学思想史、科学社会史、科学文化史、科学哲学史等科学外史的发展，进而推动了科学史由单纯的内史研究向内外史综合研究转化。

当前一些人仍认为中国传统科学观是落后的，因而理论兴趣长期偏重"李约瑟难题"，而很难转移到"李约瑟猜想"，即中国传统文化有着现代科技创新功能。但自然国学研究并不满足于科学史的传统功能，更致力于中国传统文化对当代科学技术的促进作用研究。通过内外史结合的研究已获得可喜的成果。

二、中西科学体系碰撞的继续

中西两大科学体系百年碰撞均是还原论科学体系与整体论科学体系的碰撞。但前后有着根本性的差别。1840～1949年中国近代时期的n次碰撞，还原论科学体系方兴未艾显示了巨大的先进性，而整体论传统科学体系迅速衰微；1949年以来中国现代时期的碰撞，还原论科学体系的双刃剑性已充分暴露，还原论科学的局限性也充分凸显；科学的综合潮流正在兴起，整体论民族科学体系正在复兴中。

面对整体论民族科学体系复兴形势，极少数学者不但坚持还原论科学才是"科学"的观点，乃至把它作为鉴定科学理论真理性的绝对标准：（a）凡是挑战已有科学基本理论（概念、定理、公式等）的是非科学、伪科学。(b)凡是挑战已有"辩证唯物主义"基本原理的是非科学、伪科学。（c）凡是科学实验不能重复的是非科学、伪科学。（d）虽有科学实验重复性，但不能用现代科学基本理论解释的是非科学、伪科学。由此还引申出凡是本门学科院士等学术权威不认可的也是非科学、伪科学；以至有人拟在网上组织万人签名以取消中医。有的院士也不负责任地说"中国传统文化90%是糟粕"，还说："《周易》没有逻辑，阻碍了中国科学的进步；《周易》不是整体性思维，是笼统思维；阴阳五行连伪科学都算不上等。"

首先，中国传统文化是先人留给我们的一笔财富。它不可否认存在有糟粕，但本质上是优秀的。说"90%是糟粕"，则是不符合实际的。如爱国主义、以人为本、仁义孝道、和谐中庸、诚实宽厚、尊老爱幼等至今有用。《周易》既是中华文化的元典，又是自然国学的元典，其整体性、生成性、有机性论述构成为中国古代科学技术发明创造的思想基础（见第二章），引领中国古代科学技术在世界上处于前列数千年，于公元3至15世纪则独步世界千余年，究竟是促进了中国古代科学发展，还是阻碍科学发展，是一目了然的。张岱年专门把《周易》中的科学思想和科学知识，称为"易科学"。以《周易》为代表的中国传统文化是中华民族文化之根，亦是自然国学之基，当代极少数人想动摇这个根基，实在是太无知了。

第二，中医已在中国流传数千年，为中华民族子孙的繁衍和社会发展作出了不可磨灭的贡献。它的整体性、系统性、有机性、人文性治疗方法是西医所不及的，一些肾病可以通过健脾来解决，一些肠病可以通过治胃来医治，数千年的实践证明中医是有用的。20世纪20年代在民国时代卫生部的"废止中医"案都没有实现，在21世纪不但有群众支持，还有政府扶持，极少数人企图旧技重演，这必然是一场梦想。

第三，当代我们国家正在建设创新型国家，科学技术的发明创造正从"引进型"转变为"创新型"，更是特别提倡始创造性。这要求我们的科技人员解放思想，敢想敢干；要求创造宽松的环境，允许失败，允许"幻想"。科学技术的创新，是一个艰苦的过程，是一个从潜科学到显科学的过程。随便加扣"非科学"、"伪科学"的帽子，不但会扼杀大量有价值的潜科学成果，打击科技人员的创造积极性，做不到解放思想，也必然会贻误创新型国家建设的进程，影响科技现代化的步伐。因此，全国人大常委会于2007年12月29日讨论通过在《中华人民共和国科技进步法》中，取消"伪科学"一词，并经国家主席胡锦涛签署，以"中华人民共和国主席令"（第82号）发布。

第三节 自然国学复兴历程

自然国学的复兴历程，早期主要是当代学术界发现中国传统文化在当代科学技术中发挥着越来越大创新功能的过程。关于这种创新功能的论述，无论国内国外已有不少研究成果发表，现仅以近60年来的发展历程作一粗略的回顾：

一、零星论述时期（20世纪50～80年代）

20世纪50年代初英国的中国科学史研究家李约瑟就指出："早期'现代'自然科学取得伟大胜利之所以可能，是基于机械论宇宙的假定——也许这对于这些胜利是必不可少的——但这样的一个时代注定要到来。在这个时代里，知识的增长使人接受一种更为有机的跟原子唯物论一样的自然主义哲学。这就是达尔文、华莱士、巴斯德、弗洛伊德、施培曼、普朗克和爱因斯坦的时代。当这个时代到来的时候，人们发现有一系列的哲人已经铺平了道路——从怀特海上溯到恩格斯和黑格尔，从黑格尔到莱布尼兹——而这种灵感也许完全不属于欧洲人，也许这种最现代的'欧洲'自然科学的理论基础受到的庄周、周敦颐和朱熹这类人物的恩惠，比世人已经认识到的多得多"。"中国思想，其对欧洲贡献之大，实远逾吾人所知，在通盘检讨之后，恐怕欧洲从中国得到的助益，可以与西方人士传入中国的17、18世纪欧洲科技相媲美。"[①]鉴于李约瑟在科学史界的崇高地位，他的言论对于迷恋于西方中心论、看不起中国传统文化的专家是一个巨大的震撼。

1954年，中国科学院副院长竺可桢根据新近发掘的中国古代科学遗产的杰出成果，发表《为什么要研究我国古代科学史》[②]一文说："有人以为我们应该面向将来，不应该留恋过去。这话是对的。但是无产阶级对社会进行的伟大革命不仅不排斥以往文化发展的一切成就，相反地是以利用这些成就作为进一步发展新文化的前提的。最近我们得到一个例子，证明古代所积累的历史材料能很好地支援工业建设而得到一定的成果。"于是他列举了用中国历史地震记录解决基本建设工程的地点选择和工程抗震系数的例子。接着他又说："历史上的科学资料不但可以为经济建设服务，而且还可以帮助基础科学的理论研究"，并列举了中国古代客星（超新星）记录帮助发现超新星与星云之间的演化关系的例子。而后，竺可桢亲自组织在中国科学院创建了自然科学史研究机构，初衷即是要大力开发中国传统文化的现代科技创新功能。

"文革"期间，社会动乱，科学研究近于瘫痪。"文革"后，经济发展，科技现代化成为国家发展的中心。传统文化的现代科技创新功能也就得到重视和发掘。首先，是国外一些学者的论述较多地被介绍到中

① 李约瑟．《中国之科学与文明》．第3册．台北：台湾商务印书馆．第252、236页．
② 竺可桢．《为什么要研究我国古代科学史》．载《人民日报》1954年8月27日．

国。同时，国内一些先觉者亦加以重视和开发。

70年代美国物理学家卡普拉（F. Capra）在《转折点》一书中说："在讨论文化的价值和趋向的时候，本书自始至终将对于任何一种中国思想中都有而在《易经》中详细发展的框架加以广泛的应用，此即关于连续的循环流动的想法，特别是其中关于在宇宙节律的基础下面隐藏着阴与阳这两极的观念。"①

1979年耗散结构理论创始人普里戈金（I. Prigogine）指出："我们正向新的综合前进，向新的自然主义前进。这个新的自然主义将把西方传统连同它对实验的强调和定量的表述，同……中国传统结合起来。"②

1987年前，美国科学史家萨顿（George Sarton，1884～1956）在《科学的生命》一书中说："我完全确信，正如东方需要西方一样，今日的西方仍然需要东方……不要忘记东西方之间曾经有过协调；不要忘记我们的灵感多次来自东方；为什么不会再次发生？伟大的思想很可能有机会悄悄地从东方来到我们这里，我们必须伸开两臂欢迎它。"又批评说："对东方科学采取粗暴态度的人，对西方文明言过其实的人，大概不是科学家……"③80年代协同学创始人哈肯（H. Haken）给中国学者陈云寿回信说："我认为协同学和中国古代思想在整体性观念上有很深的联系。""虽然亚里士多德也说过整体大于部分之和，但在西方，一到对具体问题进行分析研究时，就忘了这一点，而中医却成功地应用了整体性思维来研究人体，防治疾病，从这个意义上中医比西医优越得多，因此我很想学习中医了解中医是怎样处理各个部分之间相互联系的。"哈肯在中国访问时有人问他："你创立协同学受哪些思想影响？"他回答

---

① 卡普拉.《转折点——科学、社会、兴起中的新文化》. 第25页. 北京：中国人民大学出版社. 1989.
② 普利高津、斯坦格尔.《对科学的挑战》.《普利高津与耗散结构理论》. 西安：陕西科技出版社. 1982.
③ 萨顿.《科学的生命》. 第140～141页. 北京：商务印书馆. 1987.

说："西方的分析式思维和东方的整体性思维，比如说中医。"[①]

　　由于地震、洪涝、干旱等自然灾害、环境问题日趋严重，自然史研究崛起，中国古代自然灾异史料得到重视和更广泛应用。1983年旨在张衡学社成立。在成立会上，学社顾问、中国气象科学院张家诚院长提出：综合研究应发挥中国传统文化优势，这是有战略意义的。张衡学社利用中国古代自然史料进行灾害周期性以及不同灾异现象之间的相关研究，以此来探索地震、气象灾害等，取得了发现自然灾异群发性和群发期等一系列成果。

　　80年代在北京召开了第一、第二、第三届全国天地生相互关系研究会议。把历史自然学[②]、"中国古代有机论自然观与当代天地生综合研究"作为大会重要议题之一。1988年，综合性的历史自然学（history naturology）提出[③]，至今已形成学科群，包括原有的历史地理学、历史气候学，以及新兴的历史天文学、历史水文学、历史生物学、历史地质学、历史地貌学、历史人体学的研究新成果。

　　1985年，朱灿生在《南京大学学报》发表《太极（阴阳）——科学灯塔（初揭）》[④]。这是第一次提出中国太极将引领世纪科学前进。

　　1986年，钱学森发表《从中国气功想到的科学革命》[⑤]，指出，气功、中国传统医学（中医、蒙医、藏医和其他少数民族医学）和人体特异功能应与现代科学技术相结合，这种结合"必然导致爆发一次科学革命"。

　　1987年，宋正海发表《中国古代有机论自然观的现代价值的发

---

① 陈云寿．"协同学与中医学"．载李志超《千古之谜——经络物理研究》．四川教育出版社．1988．
② 高建国、宋正海主编．《历史自然学的进展》论文集．海洋出版社．1988．
③ 宋正海．《历史自然学——一门在中国崛起的现代自然科学》．《大自然探索》1984年4期．
④ 朱灿生．《太极（阴阳）——科学灯塔（初揭）》．《南京大学学报》21卷．1985年3期．
⑤ 钱学森．《从中国气功想到的科学革命》．《光明日报》1986年5月12日．

现——从莱布尼茨、白晋到李约瑟》[①]，系统论证了中国古代自然观有着现代科技价值的历史必然性。

二、 系统论述时期（20世纪90年代）

20世纪90年代，是中国传统文化在当代科学技术中发挥越来越大创新功能的论述进行系统化时期。这时段组织了大量这方面的学术报告；发表了大量这方面的论文；还有不少专题研讨和笔谈；出版了不少专著和论文集。突出的有下面两个事件。

（一）香山科学会议

香山科学会议是中国高层的学术会议，会议组织方十分关心传统文化新功能的开发。第58次香山科学会议主题即为"中华科学传统与21世纪科技原始创新"，于1997年8月在北京西郊香山饭店举行。

会上，与会高级专家充分认识到新功能的重要性和可能性。最后全体联名发表了《中国传统文化在21世纪科技前沿探索中可以作出重大贡献》呼吁书。[②]

（二）作为国家科学基金项目进行系统研究

在卢嘉锡等一批院士支持下，在季羡林等一批老一辈资深教授支持下，我们于1998年底把中国传统文化如何在当代科学技术中发挥作用，作为一个重大课题，申请成为国家社会科学基金项目。第二年获得批准，批准号为99BZS026。正式题目为"中国传统文化在当代科技前沿探索中如何发挥重要作用的理论研究"实施。这是这方面研究的第一个国家项目，当年我们把前七八年收集的资料和课题组成员完成的论文系统梳理成为七大

① 宋正海.《中国古代有机论自然观的现代价值的发现——从莱布尼茨、白晋到李约瑟》.《自然科学史研究》1987年3期。
② 《中国传统文化在21世纪科技前沿探索中可以作出重大贡献》呼吁书.《科技智囊》. 1997年3期.

方面，即中国传统文化在当时至少可以在这七个方面发挥功能，并于1999年出版《中国传统文化与现代科学技术》论文集①，包括100篇论文。

至今已过去10多年，中国传统文化在当代科学技术中发挥功能的研究又有不少新的进展。但是，就全面性、系统性和理论与实践紧密结合而言，还没有一本书超越《中国传统文化与现代科学文化》。该书开创了全面系统研究文化在当代科学技术中发挥功能的新领域。

三、自然国学真正复兴时期（21世纪初）

在21世纪初，传统文化的科技创新功能研究和开发进入较高的学科构建阶段，呈现出雨后春笋般的景象，学科名称很多，除自然国学，还有东方科学、科学易、博物学、象科学、意象科学等。但迅速走向统一，主要是共同努力构建自然国学。有关工作有：

2001年，发表《"自然国学"宣言——为中华科技走向未来敬告世界人士书》。作者有刘长林（执笔）、孙关龙、杨卫国、李世辉、宋正海、周明、袁立、徐道一、徐德江、徐钦琦、商宏宽 （《汉字文化》第4期）。

2001、2003、2005年，与各有关单位创办"全国中华科学传统与21世纪研讨会"系列会议。

2003、2005年，与有关单位召开两次国际会议：一次为"东亚传统与新文明的探索"（北京，2003年），一次为"欧盟中华文化高峰会"（比利时布鲁塞尔，2005年）。

2006年，孙关龙、宋正海主编《自然国学——21世纪必将发扬光大的国学》论文集出版②。

---

① 宋正海、孙关龙主编.《中国传统文化与现代科学技术》论文集. 杭州：浙江教育出版社. 1999.

② 孙关龙、宋正海主编.《自然国学——21世纪必将发扬光大的国学》. 北京：学苑出版社. 2006.

　　2009年启动《自然国学丛书》计划，计划5年（2012～2017）完成出版工作。2012年出版第一辑9本：孙关龙、宋正海著，《中国传统文化的瑰宝——自然国学》；徐道一著，《和实生物，同则不继》；陈久金著，《斗转星移映神州——中国的二十八宿》；于涌著，《移天缩地到君怀——圆明园文化透视》；宋正海著，《潮起潮落两千年——灿烂的中国传统潮汐文化》；赵沛霖著，《庄子自然观》；胡化凯著，《金木水火土——中国五行学说》；于洪著，《〈周易〉智慧与颐和园文化景观》；赵瀚生著，《轻纨叠绮烂生光——文化丝绸》[①]。

---

① 孙关龙、宋正海、刘长林主编.《自然国学丛书》第一辑（9种）. 深圳：海天出版社.
2012.

附录1：

中国传统文化在21世纪科技前沿探索中可以作出重大贡献

——第58次香山科学会议与会高级专家呼吁书

上世纪末至本世纪前半叶，由于近代西方文化的全球性崛起，一种明显的趋向是中国传统文化正迅速退出历史舞台，似乎连汉字也必定消亡。然而自20世纪中以后，随着东亚经济的崛起和西方文明遇到深刻困扰，东西方不少有识之士开始冷静地对中华文化圈重新审视。中国文化依然葆有强大生命力被越来越多的人所承认。

但是，由于历史的原因，中国古代科技传统被人遗忘了。于是在近现代长期形成一种错误印象，中国古代虽有巨大科技成就，但那只是历史的辉煌；中华文化的生命力在于她博大的人文精神，而其古老的科技传统则无助于当代科技前沿的探索和创新。现在已有足够的事实表明，这种看法乃是一种误解。中华文化是一个有机体，不能设想由这同一伟大母体养育出来的科学精神和人文精神会有不同的历史命运。

20世纪后半叶，情况有较大的变化：社会发展对科技提出了全新的要求；科技本身逻辑发展也给自己提出新的要求；大量新自然现象发现对已有的科学理论提出挑战。于是国内外一些自然科学家、哲学家和科学史家提出，中国古老深厚的传统文化对当代科技前沿发展有着重要促进作用。有关的成功事例目前已越来越多。正是在这种形势下召开了"中国传统文化与当代科技前沿发展"香山科学会议。参加了这次会议，我们更深刻认为：中国传统文化在21世纪科技发展中，可在观念、理论、方法和自然史料方面起着促进作用。

一、中国古代自然史料与当代的自然史探索

天体演化、大地构造、地震预报、气候变迁、海平面升降、环境演替、生物进化等当代重大学术热点乃至社会热点，是自然史或与之有密切关系的问题，自然史研究已得到广泛地重视。浩如烟海的中国古文献中有着大量的有关自然现象的观察记录。它们不仅数量大，而且有着类型多、系列长、连续性好、地域覆盖广阔、综合性强等优点。这是中国古人留给今人，贡献给世界的一个自然史信息宝库，在当代可以用来复原自然史，探索自然史规律，以服务于全球变化研究、自然灾害预测和国民经济远景规划的自然背景评估。

这类作用是很大的。50年代中国科学院收集近万次历史地震资料，编制了《中国地震资料年表》，编制了震中分布图、烈度区划图等地震图件，初步满足了当时基本建设工程地点选择和工程抗震系数确定的要求。由于中国古籍中的1054年天关客星的记录，世界天文学界发现并已证认，蟹状星云及其射电源是1054超新星爆炸的遗迹。中国学者编制的《古新星新表》，在国际天文学界被广泛使用。当代对5000年气温史的重建、500年旱涝史的重建及其隐含周期的发现，均建立在中国丰富气候史料基础上的。若干自然灾害群发期的发现更得益于中国古代类型多样、系列长的自然灾害和异常的记录。黄河小浪底工程大坝高程设计是以黄河1843年洪水的复原研究为依据；长江三峡工程防洪设计是以1870年洪水时下游荆江大堤不决口为前提。大型工程设计论证早期有物理模型法、数学模型法，现中国学者又创立了历史模型法。

二、中国系统思维在当代科技整体化中的作用

近代科学400年，建立起庞大的分析型学科体系，在很多方面较精

确地研究了自然界。但由于时代的局限，近代科学有长处也有不足：重视分析，忽视综合；长于线性研究，短于非线性研究；习惯于孤立系统研究，不善于开放系统研究；重视结构研究，忽视功能研究。然而客观自然界则是局部与整体，线性与非线性，结构与功能，孤立与开放的统一。随着科技的新发展，这种不足已经暴露出来。于是发展综合、非线性、复杂性、开放系统和系统功能的研究已成为当代改变观念、发展科学的时代强音。然而这类研究及其观点、理论、方法正是中国传统科学文化的优势方面，故可以在未来科技发展中起较大的启发作用。

1925年怀特海（A. N. Whitehead）在《科学与近代世界》一书中开始有力抨击近代科学的机械论。50年代李约瑟（J. Needham）指出，"机械论的世界观在中国思想家中简直没有得到发展，中国思想家普遍持有一种有机论的观点"。在中国人看来，世界是"一幅广大无垠、有机联系的图景，它们服从自身的内在的支配"。80年代普里戈金（I. Prigogine）指出：中国文化"具有一种远非消极的整体和谐。这种整体和谐是由各种对抗过程间的复杂平衡造成的"。哈肯（H. Haken）则指出"协同学和中国古代思想在整体性观念上有深的联系"，他创立协同学是受到中医等东方思维的启发。在国内，竺可桢、李四光、钱学森等不少科学家也对中国传统文化的现代科技价值有论述。李约瑟在1975年强调："我再一次说，要按照东方见解行事。"卡普拉（F. Capra）在他的有广泛影响的专著中，全面论述东方文化与当代科学的关系。

这方面成功事例是较多的。中国是世界四大文明古国。中国人创造的注重生态系统物质和能量循环的精细农艺至今巍然屹立。20世纪下半叶，中国传统农艺与现代科学结合，采用适宜技术，仅用了占世界不到7％的耕地，使世界22％的人口丰衣足食，堪称世界农业持续发展之创举。中国传统医药学博大精深。西医、中医、中西医结合并行发展方针，有利于医药学健康发展，加速了整体医学理论的现代化进程。当前西方医学面对癌症、艾滋病及各种现代城市病的肆虐尚束手无策之时，更显出发挥中国传统整体医药学优势的必要性。在国外，针灸热、中医中药热、中华养生术热，一浪高过一浪，不是偶然的。都江堰历经两千年而不衰，灌溉面积不断扩大，使四川成为天府之国。渠首的鱼咀、飞沙堰、宝瓶口三者巧妙配合；分水、分沙的合理性；工程维修的科学性和简单性等充满了中国古代人治水的辩证思想和系统方法，使它成为持续发展水利工程的标兵。这已对当代的水利工程的建设有着丰富的启示。

三、古代天人合一观对当代人与自然协调发展的指导意义

在近现代科技发展中人与自然是对立的，人对大自然着重征服、索取，而不注意保护，结果受到严厉报复：资源匮乏、环境污染、气候变暖、珍稀生物种灭绝、自然灾害频仍等。这要求普遍更新观念，正确处理人与自然关系。天人合一论是中国传统文化的核心，对当代协调人与自然关系有着明显的指导意义。

区域开发是发展地方经济的根本性问题，但目前区域开发中存在问题十分严重。中国古代区域概念强调整体性；区域开发中，强调天时、地利、人和的三才学说；不破坏自然，而是尊重自然，用养结合。中国古代有两千多年的"四时之禁"，目的是在保持生物资源再生基础上的持续高产。这对当代区域的农、林、牧、副、渔各业的全面发展以及生态经济学的崛起均是有指导意义的。古代天人合一论强调人与环境的统一，"人与天地相参"，以促进身心健康和生活质量提高。这已在当代城市规划、建筑设计中得到应用。中国古代强调"和谐"，强调人对大自然要讲道德，这已对当代生态伦理学发展有指导意义；还强调生物界的和谐和"各得其养以成"的理论，这也对当代生物多样性概念的崛起有指导意义。

四、借鉴传统技法，应用传统科技基因，促进科技创新

中国传统科技方法创造了古代光辉科技成就。吸取中国传统技法的

智慧，应用传统科技基因，开发现代科技，往往有大的创新和成就。中国传统数学，不发展演绎几何学，但充分发展程序性算法。这种科学方法有利于当代数学算法化崛起。发扬这种传统数学的基因，结合电子计算机这种先进计算工具，中国学者创造了几何定理的机器证明法。中外古代铸造中均有失蜡法。此种方法不断发展，在现代铸造业中已形成精密铸造产业，用于制作形状高度复杂、精度要求高而难于加工的金属铸件。当代电子计算机打孔程序控制技术是受到源自中国古代纺织中的提花技术的启发而发明的。用现代科技原理和方法去研究龙洗、编钟等古代器物，已引发出若干有较大价值的科学前沿问题。

来自历史的科技创造力，实际是广泛存在的。在国外尖端科技的广泛领域，华人成就十分突出，也是个证明。研究历史不仅是凭吊古人和欣赏民族昔日的辉煌，而主要是为了国家和民族今日的发展和明日的辉煌。我们看问题要有真正历史学家的眼光，要有整体思维。这样才不至于被人类某一阶段的倾向所迷惑，才能比较贴近实际地去辨析民族和世界科学文化发展的源流，彻底摆脱西方文化中心论的阴影。我们认为，中国传统文化对未来科技发展，既有普遍性功能，同时还有特殊性功能：普遍性功能是探索科技的发展规律、总结历史的经验教训，更好地指导现实科技工作和科学地预测未来、规划未来；特殊性功能则是中国传统文化中特有的观念、理论、方法和自然史料等可以对当代和21世纪的科技前沿探索起推动作用。中国传统文化曾对古代世界的科技发展作出巨大贡献，可以相信在21世纪将再度辉煌，对世界科技发展作出新的巨大贡献。

为此，我们建议：

（1）在我国的21世纪议程和国家科技发展规划中应增加重视并发挥我们民族文化优势的内容。

（2）在我国的科技教育体系中，大力加强优秀民族文化的教育，开设中国传统文化课。

（3）加强科技史的综合研究和规律探讨，大力开发科技史的预测功能、指导功能。

（4）加强中国传统哲学和科学思想的研究，加强中国科技史与西方科技史的比较研究，深入探讨中国科学技术发展的特殊规律。

（5）国家科学技术委员会、国家自然科学基金委员会在支持我国高科技发展的同时，增加对古今结合、古为今用科研项目的支持强度。

（6）组织全国力量，全面、系统发掘整理中国古代自然灾害和异常史料，建立自然史大数据库，实现多学科、各部门乃至国内外资料共享。

呼吁人（按姓字笔划为序）

王绶琯：中国科学院院士，中国科学院北京天文台研究员

王大钧：北京大学力学系教授

王渝生：中国科学院自然科学史所副所长、研究员

刘长林：中国社会科学院哲学所研究员

华觉明：中国科学院自然科学史所研究员

孙关龙：中国大百科全书出版社编审

杨伟国：京港学术交流中心主任，教授（香港）

李志超：中国中医研究院针灸所教授高工

李志超：中国科技大学（合肥）教授

吴凤鸣：科学出版社编审

吴爱灵：潜智自然科学研究会会长（澳大利亚）

宋正海：中国科学院自然科学史所研究员

佟屏亚：中国农业科学院作物所研究员

余谋昌：中国社会科学院哲学所研究员

陈吉余：国际欧亚科学院院士、华东师范大学河口海岸所研究员

陈述彭：中国科学院院士、国际欧亚科学院院士、中国科学院地理所研究员

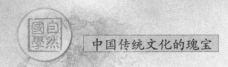

张丕远：中国科学院地理所研究员

张秉伦：中国科技大学（合肥）教授

席泽宗：中国科学院院士、国际欧亚科学院院士、东方文化学部
　　　　主任、中国科学院自然科学史所研究员

赵中枢：中国建筑设计研究院历史名城所副所长、研究员

高建国：国家地震局地质所副研究员

徐钦琦：中国科学院古人类与古脊椎动物所研究员

徐道一：国家地震局地质所研究员

廖　克：国际欧亚科学院院士、主席团成员、中国科学中心主席、
　　　　中国科学院自然科学史所所长、研究员

发表于《科技智囊》1997年第2期

附录2：

"自然国学"宣言
——为中华科技传统走向未来敬告世界人士书

一

一个新的千年开始了!在新世纪的发端,高举起"自然国学"这面大旗的庄严时刻已经到来,深入阐发自然国学的条件已逐渐成熟。

国学,指我国传统的学术文化。然而,一提起国学,人们往往想到的是史学、文学、艺术、道德、人生哲学等人文学科的内容。其实,国学中还有另一半同样重要、同样辉煌,同属中国文化精髓的方面,就是中国的传统科技体系,包括中国科技史、中国科技哲学、中国科学思维方法等学科的内容。前一半为人文国学,后一半当称"自然国学"。

1840年鸦片战争之后,中国屡遭列强凌辱,清朝政府腐败无能。许多人对国学失去信心,民族虚无主义盛行。1911年辛亥革命推翻君主专制,民心为之一振。在举国上下推行新学即西学的同时,一些学者发愤整理国故,大胆肯定中国传统学术仍有价值,但仅限于人文领域的某些方面,只有极少数学者埋头稽考中国科技史料。1949年以来,民族自尊心自信心空前高涨。中国古代科技成果的发掘得到重视,并取得令人振奋的成绩。遗憾的是,在发展进程中要同传统的观念实行最彻底的决裂成了国家意识形态的坚硬方针。于是国学又以另一种形式受到歪曲和摧残。在很长的时期里,许多人坚持认为中国没有或缺乏科学精神与科学传统,并视此为中国落后于西方的主要原因。人们几乎很自然地总是以西方的科学与文化为尺度,来诠释和衡量中国学术。

20世纪后半叶,在西方文明陷入重重困境,世界科学与文化的根本观念发生巨大转折的大背景下，各国有识之士和中国学人开始重新审视东方，尤其是中国传统学术的深层内涵及其价值。彻底摒弃西方文化中心论，承认并鼓励文化多元，已成为人类文明的大趋势。70年代以来，科学潮流正明显由大物理学时代向复杂性研究时代过渡。自然史研究，复杂性、非线性研究迅速崛起；交叉科学、综合科学、系统科学如雨后春笋；人与自然的关系也由对抗向协调转化。中国历经约一个半世纪的狂风骤雨，终于出现了改革开放的新时期。在这种特殊的形势下，国内外学术界不少志士仁人发现，中国古老的传统文化（特别是其中的科学理念和科学思维体系）对于当代科技前沿探索、正确处理人与自然的关系，可以有重要的启示和引导作用。这种认识的发展，不仅进一步推动了中国古代科技成就的发掘和研究，还开辟了中国传统科学体系（自然观、科学观、方法论等）的现代科学价值的全面研究，这种研究已取得较广泛的成果。

在此形势下，我们明确提出并强调"自然国学"这个研究领域，是想通过大家的共同努力来说明：（1）中国古代不仅具有领先世界十多个世纪的科学技术成就，而且科学形态与西方迥异，自成独立体系。而在人类历史上，不同科学体系的优势互补乃是各国以至世界科学发展的重要源泉。（2）中国固有的科学传统、科学理念和认识方法，在现代和未来具有广阔的发展前景，对于解决人类当今面临的重大问题，对于社会的可持续发展具有巨大的不可替代的意义。

二

我们的祖先以无与伦比的智慧和艰苦卓绝的奋争，在农学、医学、天文、历法、地学、数学、运筹学、工艺学、水利学、灾害学等领域，有着许多独特的贡献，这是不争的事实。通过科学史家、考古学家近百年的持续努力，灿烂的中国古代科技成果充分展现给世界，令世人惊叹不已。可是至今仍有一些学者无视事实，认为中国只有人文传统，而无科学传统；或者"只有技术，没有科学"。这种否认中国古代科学的看法显然是很表面的、似是而非的。人类要生存，就必须首先解决衣食住行。而要解决这些问题，就不能没有自然科学。国家的安全，国防的巩固也离不开自然科学的支持。中华民族，人口众多，地域辽阔，历史久远，而且持续不断。试想如果仅有人文精神心性修养，而没有自己的一套先进的科学传统，没有发达的物质基础，怎么能够有上下五千年的文明屹立于东方？又如何能够有汉唐盛世名震四海？

那些否认中国文化中有科学传统的人，主要是受到狭隘科学概念的桎梏。他们自觉或不自觉地将西方近代科学所形成的某些观念和方法，当作衡量一切科学认识的标准，符合这一标准方属科学，否则即一概排除在科学殿堂之外。

然而必须清醒地认识到，宇宙是无限的，大千世界是极端复杂的。即使在有限的时空范围内，也包含着无限的多样性、层面性和可能性。这就决定了人类的科学认识活动和科学成果，包括基础自然科学，可能而且应当形成不同的科学体系。即使在同一学科内，也会因认识层面的不同，出现不同的风格，不同的认识取向，产生不同的流派。

至于科学方法则完全是为科学认识服务的，从属科学的认知目标。因此，以是否采取了某种科学方法来判断是不是科学，是本末倒置，反客为主。古今中外，人类的认识有一个通病，就是无论什么主张或理论，如果取得了大成功，它的效能就会被夸大而作不适当的推广。西方自近代以来，以探索自然界之简单性为特征的力学、物理学和化学取得了突出成就，于是造成了一种糊涂观念，似乎任何科学活动都必须与探索简单性的方法捆绑在一起；谁不采用这些方法，如实验室中边界条件能够严格控制的试验方法、数学方法、逻辑方法等，谁就不是科学。有人甚至由此引申出一系列更加具体的规则、条件和特征，来框定科学，实际上是将科学活动的某些非本质特征当做本质特征，以某一特殊领域和层面的特殊认识活动来替代和束缚所有的认识活动。

　　大家知道，事物之间建立什么样的关系，事物就会相应显示什么样的品性。科学的具体形态，包括科学认识的结果和科学研究的方法，归根到底以认识主体和认识客体建立何种耦合关系来决定。由于世界具有无限的多样性、复杂性和可能性，认识对象究竟呈现给人什么性质和特征，与认识主体所应用的概念体系、参照系和认识手段有密切关系。由此也就规定了认识主体选取何种科学方法，其所产生的知识体系即会有何种相应的形态。因此，那种认为面对同一世界只能产生一种形态的科学体系以及认为近代科学体系为终极体系的想法，是不符合实际的。

　　一些人以"科学无国界"为理由，否认在西方科学体系之外还会有别的科学体系，这显然是个误会。对"科学无国界"说，应有正确理解。科学可以直接用来发展生产，帮助人们适应和改善自然环境而不涉及民族情感，所以在传播和应用上比较容易被各国各民族所接受；而且人人可以研究，可以应用。仅此而已。

　　科学认识的目的是获得不以人的意志为转移的客观真理。对于无论何种形态科学体系而言，这一点是统一的。但是科学认识的走向却受到国家民族的自然环境和人文传统的深刻影响与制约。人文传统包括思维方式、哲学、宗教、伦理、文学、艺术等等。而自然科学从来就离不开人文观念。具有不同自然环境和人文传统的国家民族，就会有不同的科学思维、科学方法和认识取向，从而造就出不同类型的科学家；形成不同的科学体系和形态各异的科学史。

　　如果把已有的探索简单性为主的近代科学和科学哲学当做衡量一切认识的标准，甚至宣扬近代科学体系"凡是论"，处处从定义出发，而不是把能否获得理论形态的正确认识作为科学的标准，其结果必将使科学僵化、狭隘化，实际上是把科学史上某一阶段的科学成就，变成限制科学发展的锁链。这样做，不仅必定否认中国科学传统的存在与价值，而且也极不利于走向世界科学前沿。现在，人类已面临大量复杂性、非线性自然现象和一些小概率事件，实践对既有的科学理论正提出尖锐挑战。必须清醒地认识到，在任何情况下，将任何科学体系绝对化，只能是作茧自缚。反省中国60、70年代对相对论、控制论、基因遗传学的所谓理论批判；沉思我国科学原创性的薄弱；再联系一些人对中国科学传统的蔑视，我们不得不呼吁，一定要坚持实践是检验科学理论的唯一标准。

世界是无限的，人类的认识永远是有限的！任何具体的存在都是一偏；任何既成的科学认识体系和科学活动方式最多也只能是一偏。荀子曰："凡人之患，蔽于一曲，而闇于大理。"（《荀子·解蔽》）任何宣布某种科学理论为绝对真理，科学已经终结的做法都是错误的；同样，一切想为科学活动和科学思维划界的做法，也都不免落入以偏概全。我们努力阐扬自然国学，将有益于人们从关于科学的狭隘观念中解放出来！

三

中国文化，刚好与西方文化形成左右对称的优美格局。

西方人在传统上视空间重于时间，把世界看做物理的世界，时间性虚，空间性实；时间的本质趋向综合与整体，空间的本质趋向分解与并立；时间只能共享，空间则可以由强者去切割和占有。与此相关，西方人喜爱分析，侧重研究事物的有形实体和物质构成，在群体中强调个体的独立价值，在整体中注重局部的基础作用，因而具有分割研究和实验室孤立研究的传统。面对世界，他们习惯地将主体与客体对立起来，同时以人作为万物的尺度，主张征服自然。西方人趋于外向思维，关注事物在空间中的机械运动和物理、化学变化，因而力学、物理学、几何学、形式逻辑方面很早就取得了突出成就，并对整个西方科学与文化产生了深刻影响。

面对莽莽宇宙，中国人着眼于时间的流动和延续，把对时间的体察看得重于对空间的度量。中国人尊重和热爱生命，推己及物，视天地万物为有生命的存在，视自然界为生命的不断的孕育过程。中国人立足于整体。整体是生命的基本特征，整体和生命的主要存在形式是时间。而时间一维不可分割，故重视生命和着眼时间又加强了整体观念。中国人很早即认识到生命整体的内部及生命整体与外部环境之间存在着相需互依的联系。对这些联系的破坏，将意味着生命的完结和时间的中断。因此，中国人推崇天人合一的心境和处事原则，主张人心合于天心，自我融入宇宙，泯除主客对立，反对因人欲的膨胀而损害宇宙生命包括人类自身和人类社会的和谐。对待人和万物，道家提倡"任性"，儒家主张"尽性"，佛家追求"见性"，提法虽有不同，但都是希望其天赋本性能够自由、充分、完满地展现。人和万物在同一时间之舟中共存共荣，这是中国人至高的生命伦理观。

整体观和广义生命观促使中国人着重事物的功能和关系。功能支配形体，是生命之本。没有了功能就失去了生命，形体也随之散解，所以功能重于形体。而功能又通过一定的关系得以显示，并受关系的制约。由关系组成的结构和结构关系的协调，是维系整体的前提。功能有其承担者，结构关系的实现也有其介质。但它们至今还看不见摸不到，是无形之虚。然而它们是真实的本根存在，且是决定宇宙生命的关键所在。中国人将它们一律称作"气"，认为事物的整体功能反映和各种整体关系正是通过"气韵"、"气象"而显现出来。事物之间各种整体关系的法则称作"数"。对"象"和"数"的研究就成为中国人认识天地万物的切入点和关注点。中国人认为，对于生命的存在和延续最重要的关系是阴阳。阴阳关系最主要的体现是四时和牝牡。在四时、五材和五方的基础上又创立了五行系统，五行的反馈自调机制被视做维持一般系统平衡的功能结构模型。

中国人有内向的思维趋向。长期以来，通过体验、直觉和自我调控，对心性即精神做了大量研究。在很多方面和很大程度上，中国人借助内向思维，即内省来达到对外部世界的认识，内体领悟和对外观察被很好地结合起来。这样的思维方式和由此而形成的基本观念，决定了中国人在认识世界时，偏重综合而不是分析，直觉而不是归纳，取象比类而不是逻辑推演，整体观察而不是分割实验。注重研究的是世界和万物的生成、演化和持续，而不是其实体构成及其空间中的展开。

中国和西方的思维方式各占一偏，也曾各领风骚。正是由此而产生两种认识路径，形成两种不同的科学思想体系。可以断言，在我们这个世界上，不仅文化是多元的，科学（体系）也是而且应当是多元的。对人类曾经并将继续产生重大影响的科学，至少有两个源、两个流，而绝不是一个源、一个流。简而言之，主要发源于古希腊的西方科学偏重分析还原，着意形质实体，目的在于征服和控制自然；发源于黄河、长江流域的中国科学偏重综合整体，着意功能虚体，目的在于尽物（人）之性，共存共荣。

中西方科学既然是两个源、两个流，各有自己的偏向和短长，那么，在西方传统思维的土壤中自然不可能产生《周易》和中医药，同样，在中国传统思维的各种发明、发现的基础上，也不可能成长出西方的近代自然科学。这就没有什么难于理解和奇怪的了。也正是由于中西方各有自己的特长，相互不可替代，因而这两个源流，过去、现在和未来，都有其存在的依据和继续向前发展的强大潜能。因此中西文化的融合，中西科学体系的优势互补也是人类社会发展的永恒课题。

四

世界上的事物，无不是在复杂的矛盾运动中前进的，没有笔直的大道，不可能永远处于高潮。因此，我们在观察和判断重大事物时，不仅要有空间的大视野，更要有时间的大视野。事物发展基本模式是波浪式前进、螺旋式上升，故我们决不可以一时一事定乾坤，决死生。中国的科学有过长时间的兴盛，但元明以降，开始衰落。西方的科学，也曾经历过长达千余年的中世纪黑暗。而且，中西方的科学文明，从很早以来，就是在不断相互交流、优势互补的过程中交错向前迈进的。15世纪欧洲文艺复兴和近代科学的崛起，就深受益于中国的哲学与科学。当今，人类社会正面临着生存和持续发展的大问题，世界科学也面临着整体性、复杂性、非线性等难题，生命科学、环境科学、灾害科学、信息科学、心灵科学、预测科学等亟待进一步深入。面对这些问题，西方流行的还原论和分析方法以及主客相分和实体构成观念，已难于奏效。而中国传统的整体论和综合方法以及天人合一的科学思想体系与智慧，必将应时而新生。

《诗》曰："周虽旧邦，其命惟新。"（《大雅·文王》）我们相信，在新的历史时期，通过吸收西方科学思想营养和现代科技成果，在充分发挥自己特长的情况下，自然国学经过创新，一定会为人类作出更大的贡献，一定会再度焕发出夺目之光。

签名（按姓氏笔画顺序）

刘长林（中国社会科学院哲学所）［执笔］

孙关龙（中国大百科全书出版社）

杨伟国（香港，京港学术交流中心）

李世辉（总参工程兵第4设计研究院）

宋正海（中国科学院自然科学史所）

周　明（中国文联）

袁　立（中国社会科学院英语中心）

徐道一（中国地震局地质所）

徐德江（北京国际汉字研究会）

徐钦琦（中国科学院古脊椎动物和古人类所）

2001．06．07

原载《汉字文化》2001年第4期

参考文献

李俨. 中国古代数学史料 [M]. 北京：中国科学图书仪器公司，1954.

（英）李约瑟. 中国之科学与文明（中译本）[M]. 台北：台湾商务印书馆，1972.

马王堆帛书整理小组. 马王堆汉墓研究 [M]. 长沙：湖南人民出版社，1979.

唐剑峰. 墨子的哲学与科学 [M]. 北京：人民出版社，1981.

潘吉星主编. 李约瑟文集 [M]. 沈阳：辽宁科学技术出版社，1986.

杜石然等编著. 中国科学技术史稿 [M]. 北京：科学出版社，1986.

曹婉如等编. 中国古代地图集（两册）[M]. 北京：文物出版社，1990、1997.

陈远等主编. 中华名著要籍精铨 [M]. 北京：中国广播电视出版社，1994.

史仲文、胡晓林主编. 中国全史（百卷本）[M]. 北京：人民出版社，1994.

郭书春. 中国古代数学 [M]. 北京：商务印书馆，1997.

袁远开、周瀚光主编. 中国科学思想史 [M]. 合肥：安徽科学技术出版社，1998.

梁启超著. 张品兴主编. 梁启超全集·中国史叙论［M］. 北京：北京出版社，1999.

宋正海、孙关龙主编. 中国传统文化与现代科学技术［M］. 杭州：浙江教育出版社，1999.

宋正海、孙关龙主编. 图说中国古代科技成统［M］. 杭州：浙江教育出版社，2001.

李申. 中国古代哲学和自然科学［M］. 上海：上海人民出版社，2002.

张立文. 宋明理学研究［M］. 北京：人民出版社，2002.

杜石然主编. 中国科学技术史·通史卷［M］. 北京：科学出版社，2003.

顾书列. 中国文化通论［M］. 上海：华东师范大学出版社，2005.

冯天瑜等编著. 中国文化史［M］. 北京：高等教育出版社，2005.

孙关龙、宋正海主编. 自然国学——21世纪必将发扬光大的国学［M］. 北京：学苑出版社，2006.

艾素珍、宋正海主编. 中国科学技术史·年表卷［M］. 北京：科学出版社，2006.

王绶琯、叶叔华总主编. 中国天文学史大系［M］. 北京：中国科学技术出版社，2008.

郑师渠总主编. 中国文化通史［M］. 北京：高等教育出版社，2009.

席泽宗主编. 中国科学思想史［M］. 北京：科学出版社，2009.

周光召等. 中国大百科全书（第二版）［M］. 北京：中国大百科全书出版社，2009.

路甬祥主编. 走进殿堂的中国古代科技史［M］. 上海：上海交通大学出版社，2009.

孙关龙. 中华文明史话·科技史话［M］. 北京：中国大百科全书出版社，2010.

总　跋

《自然国学丛书》第一辑（9种）终于出版了。

《自然国学丛书》于2009年5月正式启动，当即受到众多专家学者的支持。在一年左右的时间内有近百名专家学者商报选题，邮来撰写提纲，并写出40多部书稿。经反复修改，从中挑选9部作为第一辑出版。

在此，我们深深地感谢专家学者的支持和厚爱，没有专家学者的支持，《自然国学丛书》将是"无源之水，无本之木"；深深地感谢"天地生人学术讲座"及其同仁，是讲座孕育了"自然国学"的概念及这套丛书；深深地感谢支持过我们的武衡、卢嘉锡、路甬祥、黄汲清、侯仁之、谭其骧、曾呈奎、陈述彭、马宗晋、贾兰坡、王绶琯、刘东生、丁国瑜、周明镇、吴汝康、胡仁宇、席泽宗等院士，季羡林、张岱年、蔡美彪、谢家泽、罗钰如、李学勤、胡厚宣、张磊、张震寰、辛冠洁、廖克、陈美东等资深教授，没有这些老专家、老学者的支持和鼓励，不会有"天地生人学术讲座"，更不会有"自然国学"的提出及其丛书；深深地感谢深圳出版发行集团公司及其海天出版社，特别是深圳出版发行集团公司原总经理兼海天出版社原社长陈锦涛，深圳出版发行集团公司现总经理兼海天出版社现社长尹昌龙，海天出版社总编辑毛世屏和全体责任编辑，他们使我们出版《自然国学丛书》的多年"梦想"变为了现实；也深深地感谢无私地为《自然国学丛书》及其出版工作做了大量具体工作的崔娟娟、魏雪涛、孙华。

当前，"自然国学"还是一棵稚苗。现在有了好的社会土壤，为它的苗壮成长创造了最根本的条件，但它还需要人们加以扶植，予以浇

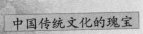

水、施肥，把它培育成为国学中一簇新花，成为发扬和光大中国传统学术文化的一个新增长极。"自然国学"的复兴必将为中国特色的社会主义新文化、中国特色的科学技术现代化作出应有的贡献。

《自然国学丛书》主编

2011．12